ゲノム編集入門
ZFN・TALEN・CRISPR-Cas9

山本 卓 編

裳華房

An Introduction to Genome Editing
－ ZFN／TALEN／CRISPR-Cas9 －

edited by

TAKASHI YAMAMOTO

SHOKABO

TOKYO

まえがき

　近年，生命科学は目覚ましい発展を遂げてきた．しかし，目的の遺伝子を自在に改変する技術は，生命科学研究者が待ち望んでいたにも関わらず，なかなか開発が進んでいなかった．従来から"モデル生物"と呼ばれている生物種でさえ，標的遺伝子のみを改変した個体を作製するのには，かなりの時間と労力を必要とし，モデル生物以外では遺伝子改変はまったく利用できない状況が長年続いていた．そんな中，現れたのがゲノム編集（genome editing）技術である．当初，人工DNA切断酵素の作製が煩雑で難しかったため，ゲノム編集は限られた研究での利用にとどまっていた．しかし，CRISPR-Cas9の出現によって状況は大きく変わった．私自身，ZFNやTALENを地道に作製していたので，CRISPR-Cas9があまりに簡単であることに大きな衝撃を受けたのを覚えている．今ではCRISPR-Cas9はすべての研究者が利用できる必要不可欠な技術となったと言っても過言ではない．ゲノム編集によって，すべての生物で遺伝子ノックアウトや遺伝子ノックインが可能となり，今後はすべての生物がモデル生物と呼べる時代となるのである．

　CRISPR-Cas9は，その簡便性と高い効率，応用範囲の広さから，ノーベル賞に値する開発と言われている．PCRを行うのと同じくらい簡単にCRISPR-Cas9を使った遺伝子改変実験ができる時代が間もなくやってくる（すでに来ていると言ってもよいかもしれないが）．興味深いことに，ゲノム編集ツールは細菌が進化させてきた制限酵素や獲得免疫システムを利用したものである．莫大な種類の細菌には，ゲノム編集ツールに使える未知のシステムをもったものがまだひそんでいる可能性があり，国内外で新しいゲノム編集ツールの研究開発が競って進められている．本書を手に取った学生や若い研究者の皆さんが，新しいゲノム編集ツールの開発に参入してくれることを強く願っている．

まえがき

　ゲノム編集の可能性は，アイディア次第でまさに無限大であり，国内の様々な分野で有効に活用していくことが必要とされている．ゲノム編集は，基礎研究の分野のみならず，産業や医療での分野でも期待されていることは言うまでもない．有用物質を作る微生物の作製，植物や動物の品種改良や創薬に必要な疾患モデルの細胞や動物の作製，さらにはがんを含む病気の治療で，ゲノム編集技術を利用しようと世界中で研究が進められている．このような状況がある一方，ゲノム編集に関する入門書はこれまで出版されていなかった．技術開発のスピードが予想以上に速く，この技術について概説するのが難しかったのが1つの理由かもしれない．CRISPR-Cas9の開発から4年が経ち，様々な生物でのゲノム編集研究の成果が発表され，教科書を作成する良い時期にあると考え，今回本書を計画した．

　本書は，ゲノム編集の基礎を勉強したい，様々な生物でこの技術を使うメリットがどこにあるのかを知りたい，さらには産業や医療におけるこの技術の有用性を知りたいと考える初心者を対象にした，国内初のゲノム編集の入門書である．そのため，微生物から植物，様々な動物でゲノム編集技術を開発してきた国内の研究者に，従来の改変技術とゲノム編集の技術を紹介してもらい，ゲノム編集の可能性についてわかりやすく説明して頂いた．

　本書を編集するにあたり，執筆の機会を与えてくださった赤坂甲治先生に感謝する．また，裳華房の野田昌宏氏と筒井清美氏には様々なコメントや修正を頂き，心より感謝を申し上げる．本書がゲノム編集に興味を持たれた方のお役に立ち，国内のゲノム編集研究の裾野を広げることにつながれば，幸いである．

2016年11月

著者を代表して

山本　卓

目　次

第 1 章　ゲノム編集の基本原理
山本　卓

1.1　ゲノム編集とは何か ………………………………………………… 1
1.2　人工 DNA 切断酵素 …………………………………………………… 3
　　1.2.1　人工 DNA 切断酵素とは ………………………………………… 3
　　1.2.2　ジンクフィンガーヌクレアーゼ（ZFN） …………………… 4
　　1.2.3　TALE ヌクレアーゼ（TALEN） ……………………………… 5
　　1.2.4　CRISPR-Cas9 …………………………………………………… 7
1.3　ゲノム編集で可能な遺伝子改変 …………………………………… 8
　　1.3.1　DSB の修復経路 ………………………………………………… 8
　　1.3.2　遺伝子ノックアウト …………………………………………… 10
　　1.3.3　遺伝子ノックイン ……………………………………………… 12
1.4　ゲノム編集の派生技術 ……………………………………………… 14
1.5　ゲノム編集の注意点 ………………………………………………… 15
　　1.5.1　オフターゲット作用 …………………………………………… 15
　　1.5.2　モザイク性 ……………………………………………………… 17

第 2 章　CRISPR の発見から実用化までの歴史
石野良純

2.1　はじめに ……………………………………………………………… 20
2.2　CRISPR 発見につながった大腸菌研究 …………………………… 21
2.3　CRISPR 発見 ………………………………………………………… 24
2.4　好塩性アーキア研究から CRISPR が見つかる ………………… 26

2.5　CRISPR はアーキア，バクテリアに広く存在する 26
2.6　CRISPR-associated gene（*cas*） 28
2.7　CRISPR-Cas の機能同定 29
2.8　CRISPR-Cas の作用機構 30
2.9　CRISPR-Cas の分類 31
2.10　CRISPR-Cas9 のゲノム編集への応用 35
2.11　CRISPR-Cas9 の種々の応用例 36
2.12　まとめ 37

第3章　微生物でのゲノム編集の利用と拡大技術

近藤昭彦・西田敬二・荒添貴之

3.1　バクテリアにおける遺伝子改変とゲノム編集技術の利用 41
　　3.1.1　バクテリアにおけるリコンビニアリング（recombineering）による遺伝子改変 41
　　3.1.2　Group II イントロンによる遺伝子ターゲティング 43
　　3.1.3　バクテリアにおけるゲノム編集技術の利用 45
　　3.1.4　バクテリア内在性 CRISPR の利用 46
3.2　真核微生物におけるゲノム編集の利用 47
　　3.2.1　真核微生物における CRISPR-Cas9 の利用のための sgRNA プロモーターの選択 47
　　3.2.2　糸状菌でのゲノム編集技術の利用 47
　　3.2.3　原生動物でのゲノム編集技術の利用 50
　　3.2.4　酵母でのゲノム編集技術の利用 50
3.3　ゲノム編集・操作・合成の技術拡大 51
　　3.3.1　転写制御のためのゲノム編集技術 51
　　3.3.2　非ヌクレアーゼ型のゲノム編集技術 52
　　3.3.3　ゲノムスケール長鎖 DNA の構築 53

第4章　昆虫でのゲノム編集の利用

丹羽隆介

- 4.1　はじめに ………………………………………………………………… 56
- 4.2　昆虫逆遺伝学的技術の第1世代：トランスポゾン利用技術 …… 57
- 4.3　昆虫逆遺伝学的技術の第2世代：RNA干渉法 ……………………… 59
- 4.4　昆虫逆遺伝学的技術の第3世代：相同組換えによるノックアウト法　61
- 4.5　昆虫逆遺伝学的技術の第4世代：ZFN，TALEN，そしてCRISPR-Cas9の登場 ………………………………………………………… 63
- 4.6　今後の展望：害虫管理における昆虫ゲノム編集技術のインパクト　67
- 4.7　おわりに ………………………………………………………………… 70

第5章　海産無脊椎動物でのゲノム編集の利用

坂本尚昭

- 5.1　実験モデル動物としてのウニとホヤ ………………………………… 73
- 5.2　海産無脊椎動物における遺伝子機能解析法 ………………………… 77
- 5.3　海産無脊椎動物におけるゲノム編集を用いた遺伝子ノックアウト　84
- 5.4　ゲノム編集による遺伝子ノックイン ………………………………… 89
- 5.5　今後の展望 ……………………………………………………………… 90

第6章　小型魚類におけるゲノム編集の利用

泰松清人・川原敦雄

- 6.1　モデル脊椎動物としての小型魚類 …………………………………… 93
- 6.2　小型魚類を用いた順遺伝学的解析 …………………………………… 95
- 6.3　ゼブラフィッシュにおける標的遺伝子のノックダウン解析 …… 97
- 6.4　小型魚類におけるゲノム編集技術 …………………………………… 97
  - 6.4.1　TALENを用いたゲノム編集 …………………………………… 99
  - 6.4.2　CRISPR-Cas9を用いたゲノム編集 …………………………… 99
  - 6.4.3　DNA二本鎖切断の修復機構とゲノム編集技術による逆遺伝学的解析 ………………………………………………………… 101

- 6.5 ゲノム編集技術を利用した外来遺伝子の標的ゲノム部位への挿入 ... 102
  - 6.5.1 一本鎖オリゴDNA（ssODN）の標的ゲノム部位への挿入 ... 103
  - 6.5.2 ゲノム編集技術と相同組換えを利用したノックイン法 ... 103
  - 6.5.3 非相同末端結合を利用したゲノム挿入法 ... 104
  - 6.5.4 マイクロホモロジー媒介末端結合を利用した精巧なノックイン法 ... 106
- 6.6 ゲノム編集技術の応用 ... 108
  - 6.6.1 ゲノム編集技術の医学への応用 ... 108
  - 6.6.2 ゲノム編集技術の育種産業への応用 ... 109
- 6.7 ゲノム編集技術による小型魚類のゲノム改変に関する今後の展望 ... 110

第7章 両生類でのゲノム編集の利用

鈴木賢一

- 7.1 アフリカツメガエルのモデル動物としての特徴 ... 113
- 7.2 ネッタイツメガエルのモデル動物としての特徴 ... 116
- 7.3 イベリアトゲイモリのモデル動物としての特徴 ... 118
- 7.4 アカハライモリのモデル動物としての特徴 ... 120
- 7.5 アホロートルのモデル動物としての特徴 ... 122
- 7.6 両生類におけるこれまでの遺伝子機能解析法 ... 124
- 7.7 両生類におけるゲノム編集研究 ... 128
- 7.8 今後の展望 ... 133

第8章 哺乳類でのゲノム編集の利用

宮坂佳樹・真下知士

- 8.1 実験動物としての哺乳類 ... 136
  - 8.1.1 実験動物って？ ... 136
  - 8.1.2 実験動物に適した哺乳類 ... 137
  - 8.1.3 哺乳類の有用性 ― モデル動物 ― ... 139
- 8.2 哺乳類の遺伝子改変 ... 141

		8.2.1 ミュータジェネシス（人為的突然変異誘発法） 141
		8.2.2 トランスジェニック 141
		8.2.3 ES 細胞 143
		8.2.4 クローン 145
	8.3	哺乳類のゲノムを自在に書き換える 146
		8.3.1 ゲノム編集の登場 146
		8.3.2 ジンクフィンガーヌクレアーゼ（ZFN） 148
		8.3.3 TALE ヌクレアーゼ（TALEN） 150
		8.3.4 CRISPR-Cas9 151
	8.4	医療応用を目指したゲノム編集と，これから 154

第 9 章　植物でのゲノム編集の利用

安本周平・村中俊哉

9.1	実験モデルとしての特徴 160
	9.1.1 植物における形質転換法 160
	9.1.2 植物における一過性発現法 165
9.2	これまでの遺伝子改変法や機能解析法の概説 166
	9.2.1 ランダムミュータジェネシスによる変異導入 166
	9.2.2 植物におけるノックダウン 166
	9.2.3 植物における遺伝子ターゲティング 167
	9.2.4 オリゴヌクレオチドによる塩基置換（ODM） 168
9.3	ゲノム編集の実際 168
	9.3.1 人工 DNA 切断酵素を用いた植物のゲノム編集 － NHEJ による遺伝子改変－ 173
	9.3.2 ラージデリーション 176
	9.3.3 相同組換え（HR）を利用したゲノム改変 177
	9.3.4 外来遺伝子をもたない個体の選抜 177
	9.3.5 核酸を導入しない変異導入 178
9.4	今後の展望 179

9.4.1　植物においてゲノム編集を行うために 179
　9.4.2　ゲノム編集により作製した植物の規制 179
　9.4.3　新しいゲノム編集技術 180

第 10 章　医学分野でのゲノム編集の利用
宮本達雄

10.1　疾患の理解のためのゲノム編集 185
　10.1.1　試験管内で疾患を再現する（1）：初代培養細胞 185
　10.1.2　試験管内で疾患を再現する（2）：不死化培養細胞 186
　10.1.3　疾患の「過程」をモデル化できる iPS 細胞 187
10.2　疾患の診断・治療のためのゲノム編集 188
　10.2.1　次世代シークエンサーによる疾患の遺伝要因の探索 188
　10.2.2　疾患の確定診断のためのゲノム編集 193
　10.2.3　ゲノム編集による疾患の治療 195
10.3　創薬とゲノム編集 199
　10.3.1　CRISPR-Cas9 全遺伝子ノックアウトライブラリー 199
　10.3.2　個別化医療とゲノム編集 201

第 11 章　ゲノム編集研究を行う上で注意すること
田中伸和

11.1　ゲノム編集生物のレベル 204
11.2　法律による遺伝子組換え生物の取り扱いの規制 206
　11.2.1　カルタヘナ法 206
　11.2.2　遺伝子組換え生物の定義 208
　11.2.3　拡散防止措置とは 208
11.3　ゲノム編集生物の作製プロセスにおける扱い 209
　11.3.1　ゲノム編集ツールの作製と増幅のプロセス 209
　11.3.2　ゲノム編集生物の作製のプロセス 210
　11.3.3　ゲノム編集ツールの宿主細胞への導入法 211

11.4　ゲノム編集で作製された生物 212
　　11.4.1　ZFN-1 の場合 212
　　11.4.2　ZFN-2 の場合 212
　　11.4.3　ZFN-3 の場合 213
　　11.4.4　自主的な管理が必要とされるところ 213
　　11.4.5　ゲノム編集生物の屋外での利用 214
11.5　遺伝子ドライブ（gene drive） 215
　　11.5.1　遺伝子ドライブとは何か 215
　　11.5.2　遺伝子ドライブの利用と問題点 217
11.6　おわりに 218

略語表 220
索　引 222

制限酵素名や数字の表記に関して

本書では以下のように表記を統一した．

EcoRI，Fok I，I-SceI などの制限酵素やホーミングエンドヌクレアーゼはイタリック体にせず，ローマン体とした．

F0，F1 世代，G1，G2 期などの数字は添字にせず，正体とした．

編　集

山本　卓　広島大学大学院理学研究科　教授

執筆者一覧

山本　卓　広島大学大学院理学研究科　教授（第1章）
石野　良純　九州大学大学院農学研究院　教授（第2章）
近藤　昭彦　神戸大学大学院科学技術イノベーション研究科　教授（第3章）
西田　敬二　神戸大学先端バイオ工学研究センター　教授（第3章）
荒添　貴之　東京理科大学理工学部　助教（第3章）
丹羽　隆介　筑波大学生命環境系　准教授（第4章）
坂本　尚昭　広島大学大学院理学研究科　准教授（第5章）
川原　敦雄　山梨大学大学院総合研究部　教授（第6章）
泰松　清人　山梨大学大学院総合研究部　特別研究員（日本学術振興会）（第6章）
鈴木　賢一　広島大学大学院理学研究科　特任准教授（第7章）
真下　知士　大阪大学大学院医学系研究科　准教授（第8章）
宮坂　佳樹　大阪大学大学院医学系研究科　特任研究員（第8章）
村中　俊哉　大阪大学大学院工学研究科　教授（第9章）
安本　周平　大阪大学大学院工学研究科　特任研究員（第9章）
宮本　達雄　広島大学原爆放射線医科学研究所　准教授（第10章）
田中　伸和　広島大学自然科学研究支援開発センター　教授（第11章）

第1章　ゲノム編集の基本原理

山本　卓

> 　ゲノム編集（genome editing）とは，細胞内で目的の遺伝子を切断し，その修復過程において遺伝子を正確に改変する技術である．原理的に，微生物から植物や動物などの広い範囲の生物種で利用が可能なことや，これまでの遺伝子改変技術に比べて簡便かつ特異性が高いことから，ここ数年でゲノム編集技術が世界的に広がっている．生命科学の基礎研究に加えて，品種改良や病気の治療など様々な分野においても，ゲノム編集の利用は大きく期待されている．
> 　本章では，ゲノム編集の基本原理について，①ゲノム編集とは何か，②人工DNA切断酵素，③ゲノム編集を利用した様々な遺伝子改変，④ゲノム編集の派生技術，⑤ゲノム編集の注意点，の観点から概説する．

1.1　ゲノム編集とは何か

　生物の遺伝情報は，細胞の核の中に保存されているDNAに書き込まれており，DNAに含まれる4種類の塩基（A，G，C，T）の並び順（塩基配列）が情報となっている．塩基配列中のタンパク質の情報となっている部分は遺伝子とよばれ，ヒトでは全塩基配列中の約1.5％が遺伝子として働いている．遺伝子以外の部分には，短いRNAをコードする重要な部分や繰り返し配列，働きが明らかにされていない部分が含まれている．このように生物のDNAには，機能が明らかな部分とそうでない部分が含まれるが，すべての塩基配列の情報をまとめて「**ゲノム**」とよんでいる．

　核の中のDNAは，自然の**放射線**，**紫外線**や**化学物質**などによってしばしば切断される．DNAが切断されたままでは，DNAの断片化など有害な影響を及ぼすため，細胞にはDNAを修復する能力が備わっている．多くの場合，DNAは正確に修復されるので塩基配列は変化しないが，低い頻度で修復ミ

スが起こり塩基配列に変化（**突然変異**）が生じる．塩基配列の変化には，1塩基が別の塩基に変化するものや数塩基が欠失あるいは挿入されるものなど様々なタイプのものがある．これらの突然変異は，遺伝子の機能を変化させ，細胞には有害なことがあるが，突然変異によって細胞死が起こらない場合は，突然変異は保持されゲノムに変化が生じることになる．また，ゲノム中の変化が生殖細胞で保持される場合，次の世代へこの変化が受け継がれる．

　ゲノム編集は，上述のように細胞で起こるDNAの切断と修復を利用したバイオテクノロジーである．品種改良では，放射線や化学物質を用いて有用な品種を作出する方法が使われているが，この方法ではDNAの複数の箇所にランダムに突然変異が誘導される．これに対してゲノム編集では，特定の塩基配列を選んで切断する人工DNA切断酵素を利用して，目的の遺伝子の

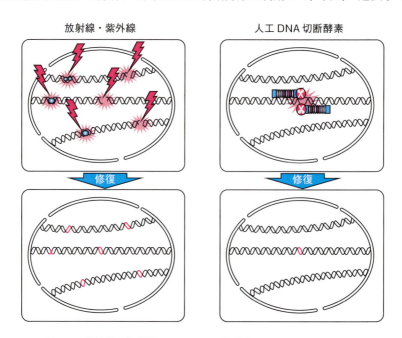

図 1.1　放射線・紫外線と人工 DNA 切断酵素による変異導入の違い
　放射線・紫外線では，ランダムに DNA の切断が導入され，修復エラーによって複数の箇所に変異が導入される．一方，人工 DNA 切断酵素は標的箇所のみに変異が導入される．

みに変化を加えることができる（図1.1）.

1.2 人工DNA切断酵素

1.2.1 人工DNA切断酵素とは

DNAを切断する酵素として有名なのは，細菌がもつ制限酵素である．制限酵素は，細菌内へ侵入してきたファージなどのDNAを切断して不活性化する．多くの制限酵素は，4塩基や6塩基の塩基配列を認識して結合し，認識配列を切断する．例えば，EcoRIという制限酵素は，5′-GAATTC-3′という配列を切断するが，この配列は理論上 $4^6 = 4096$ 塩基対あたり1か所出現する．EcoRIをゲノムサイズの大きい生物の細胞内で働かせると，DNAはズタズタになってしまい，正確に修復することはできない．そのため一般的な制限酵素をゲノム編集に利用することは難しい．これに対して，ホーミングエンドヌクレアーゼとよばれるDNA切断酵素は認識配列が長いので，この酵素を利用すると細胞内の限られた箇所を切断し，遺伝子を改変することができる．例えば，I-SceIとよばれる出芽酵母由来のホーミングエンドヌクレアーゼは，18塩基を認識して切断することが知られている．しかしながら，改変したい遺伝子にホーミングエンドヌクレアーゼが認識する塩基配列が存在しなければ，標的遺伝子のゲノム編集に利用することは難しい．そこで任意の配列に対して特異的に結合してDNAを切断する酵素として開発されたのが，人工DNA切断酵素である．人工DNA切断酵素はゲノム編集の道具として使われるため，ゲノム編集ツールともよばれている．

人工DNA切断酵素は，大きく2つに分類される（図1.2）．1つは，DNAと特異的に結合するドメイン（DNA結合ドメイン）にDNAを切断するドメイン（DNA切断ドメイン）を連結した**人工制限酵素（人工ヌクレアーゼ）**である．人工ヌクレアーゼには，様々な転写因子から単離されたDNA結合ドメインと，海洋性細菌 *Flavobacterium okeanokoites* 由来の制限酵素**FokI**のDNA切断ドメインが使われている（図1.2a）．一般に，制限酵素のDNA認識・結合ドメインと切断ドメインは一体化して分離が難しいが，FokIはモジュール性が高く，そのDNA切断ドメインは塩基配列の認識に関係しな

第1章 ゲノム編集の基本原理

a) 人工制限酵素 (人工ヌクレアーゼ)　　b) RNA 誘導型ヌクレアーゼ

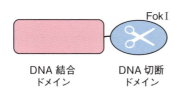
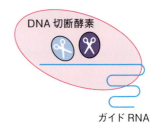

図 1.2　2 つの人工 DNA 切断酵素

い．この理由から，多くの人工ヌクレアーゼには FokI の DNA 切断ドメインが使われている．また FokI は二量体で働くため，人工ヌクレアーゼは隣り合ったペアとして作製し，2 つの標的配列のスペーサー部分へ **DNA 二本鎖切断** (**DSB**：double-strand break) を導入する．単量体の人工ヌクレアーゼは，標的配列に結合しても DNA を切断することはない．人工ヌクレアーゼとしては，**ジンクフィンガーヌクレアーゼ** (**ZFN**：zinc finger nuclease) や **TALE ヌクレアーゼ** (**TALEN**：transcription activator-like effector nuclease) が広く利用されている．

もう 1 つは，**RNA 誘導型ヌクレアーゼ**で，標的配列の認識に短い RNA を使う．**ガイド RNA** とよばれる短い RNA と二本鎖 DNA を切断する酵素が複合体を形成し，標的配列中に DSB を導入する．RNA 誘導型ヌクレアーゼとしては **CRISPR** (clustered regularly interspaced short palindromic repeats) - **Cas9** (CRISPR-associated protein 9) が有名である．

1.2.2　ジンクフィンガーヌクレアーゼ (ZFN)

Cys2 His2 (C2H2) 型ジンクフィンガーは，多くの転写調節因子に見られる DNA 結合ドメインであり，この C2H2 型ジンクフィンガーを利用した人工 DNA 切断酵素が ZFN である[1-1]．C2H2 型ジンクフィンガーは，1 つの α ヘリックスと 2 つの β シートを構造にもつ約 30 アミノ酸からなるタンパク質ドメインで，1 つの亜鉛イオンを配位している (図 1.3a)．ZFN では，3〜6 個のジンクフィンガーをつなげた連結体の C 末端に DNA 切断ドメイン

a) ジンクフィンガー　　b) ZFN (zinc-finger nuclease)

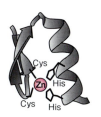
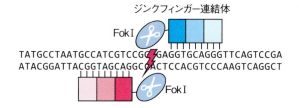

図 1.3　ZFN の構造と切断様式

FokⅠを融合し，核内で働くように N 末端には核移行シグナルが付加されている．各ジンクフィンガーは約 3 塩基を認識するので，連結体は計 9～18 塩基を認識する．標的配列の切断には一組の ZFN が利用され，ゲノム中の 18～36 塩基の特異的な塩基配列を標的として選ぶことができる（図 1.3b）．

　ZFN は，第一世代の人工 DNA 切断酵素として 1996 年に報告されて以来，培養細胞や微生物，動植物でのゲノム編集に利用されてきた．ZFN は，ゲノム編集ツールの中では分子量が小さく，様々な生物への導入効率が高い．また，ジンクフィンガーはヒトが有するタンパク質であることから，遺伝子治療にも利用されている．しかし，ZFN が開発されてから 20 年，多くの研究者がその適用を試みてきたが，基礎研究や産業分野において予想以上に利用が広がっていない．この理由として，ZFN の作製方法が煩雑で，活性の高い ZFN の作製が難しいことがあげられる．ジンクフィンガーは，DNA との結合様式が複雑なため，同じジンクフィンガーでも隣に連結するジンクフィンガーによって結合する配列が変化してしまう性質がある（文脈依存性）．また，ジンクフィンガーが 5′-GNN-3′（N は任意の配列を示す）に結合する性質をもっており，標的遺伝子を自由に選べないことも理由である．

1.2.3　TALE ヌクレアーゼ（TALEN）

　病原細菌は，感染する際にエフェクターを宿主細胞へ送り込み，感染しやすい環境を作り出す．TALE タンパク質は，植物病原菌キサントモナスが作

第1章 ゲノム編集の基本原理

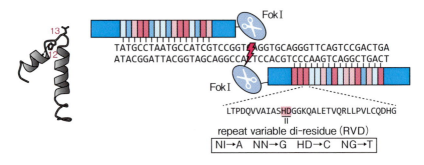

図 1.4 TALEN の構造と切断様式

り出すエフェクターであり，Ⅲ型輸送系によって植物細胞へ輸送され，植物の標的遺伝子の発現を調節することが知られている．この TALE タンパク質を DNA 結合ドメインとして利用した人工 DNA 切断酵素が，TALEN である[1-2]．TALE タンパク質の中央部分には，**TALE リピート**とよばれる 33-34 アミノ酸を一単位とする繰り返しがあり，TALE リピートによって DNA に塩基配列特異的に結合する（図 1.4a）．各リピートは，2 つの α ヘリックスをもち，12 番目と 13 番目の RVD（repeat variable di-residue）とよばれる可変領域によって結合する塩基が決定される．自然界に見られる TALE にはリピート数 9〜29 の様々な長さのものが見つかっているが，TALEN ではリピート数 15〜20 が主に使われる．ZFN と同様に，TALEN は C 末側に FokⅠ の DNA 切断ドメインをもち，N 末側に核移行シグナルが付加されている（図 1.4b）．

TALEN は，2010 年に初めて報告され，Golden Gate assembly 法[1-3]など多くの作製法が開発されている．TALEN の DNA への結合様式は，ZFN のそれに比べると単純で，高い切断活性の TALEN を容易に作製することができる．また，TALEN では，TALE リピートが結合する標的配列を比較的自由に選べることも大きな魅力である．TALEN の N 末端部分がチミン（T）を認識するという制限はあるものの，リピートの長さを調節することで狙った位置に作製することが可能である．そのため，人工ヌクレアーゼとしては，

ZFN より TALEN の方が現在多くの研究者に利用されている．

1.2.4 CRISPR-Cas9

2010年の夏，ジェニファー・ダウドナ（Jennifer A. Doudna）とエマニュエル・シャルパンティエ（Emmanuelle Charpentier）は，短い RNA を利用した新しいゲノム編集ツールとして CRISPR-Cas9 を Science 誌に発表し，世界中の生命科学研究者に大きな衝撃を与えた[1-4]．CRISPR-Cas9 は，細菌のもつ獲得免疫機構を利用した方法で，ガイド RNA とよばれる短い RNA と DNA 切断酵素 Cas9（2つの DNA 切断ドメインをもつ）の複合体を利用することによって，標的配列を簡単に切断できるというものであった（図1.5）．真正細菌や古細菌では，ファージなどの外来 DNA が侵入すると，その DNA は断片化され，CRISPR とよばれるゲノム領域へ取り込まれる．CRISPR 領域から転写された RNA から複数の **crRNA**（CRISPR RNA）が作られ，**tracrRNA**（trans-activating CRISPR RNA）と共に再び侵入してきた外来 DNA を切断し，不活性化するのである（詳しい機構は第2章を参照）．ゲノム編集では，crRNA と tracrRNA をリンカーでつないだ1分子の **sgRNA**（single guide RNA）がガイド RNA として利用され，sgRNA と Cas9 の2つの因子

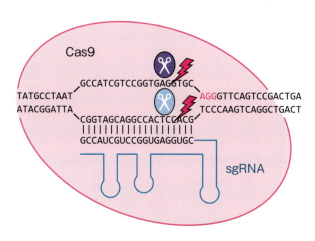

図 1.5　CRISPR-Cas9 の構造と切断様式

を発現（あるいは導入）することによって（CRISPR RNA）遺伝子改変が可能となる．

　CRISPR-Cas9 のゲノム編集ツールとしての魅力は，簡便かつ安価なことにある．人工ヌクレアーゼの作製は煩雑であるのに対して，CRISPR-Cas9 は複雑な実験操作を必要としない．Cas9 が DNA を切断するためには **PAM**（proto<u>s</u>pacer <u>a</u>djacent <u>m</u>otif；化膿レンサ球菌の Cas9 では 5′-NGG-3′ の配列）が必要であるものの，sgRNA と Cas9 さえ発現（あるいは導入）できれば様々な培養細胞や生物で遺伝子破壊が可能である（図 1.5）．これまで標的遺伝子の改変が可能であったマウスにおいても，CRISPR-Cas9 の利用は大きなメリットがある．半年から 1 年はかかっていたノックアウトマウス作製が，1 か月から数か月に短縮できるのである．加えて，sgRNA の数を増やすことで，複数の遺伝子を同時に改変できることも CRISPR-Cas9 の魅力である．このような状況から，2013 年以降，ZFN や TALEN に代わって，CRISPR-Cas9 を利用したゲノム編集が爆発的に広がっている．CRISPR-Cas9 の開発によって，ゲノム編集はすべての研究者の技術になったと言える．

1.3　ゲノム編集で可能な遺伝子改変

1.3.1　DSB の修復経路

　ゲノム編集は，人工 DNA 切断酵素によって DSB を導入し，その修復過程を利用して標的の塩基配列を改変する技術である．細胞内の DSB 修復経路としては，**非相同末端結合**（**NHEJ**：<u>n</u>on-<u>h</u>omologous <u>e</u>nd-<u>j</u>oining），**相同組換え**（**HR**：<u>h</u>omologous <u>r</u>ecombination）や**マイクロホモロジー媒介末端結合**（**MMEJ**：<u>m</u>icrohomology-<u>m</u>ediated <u>e</u>nd-<u>j</u>oining）などの経路が知られている（図 1.6）．これらの修復経路は，必ずしもいつも働いているわけではなく，細胞周期のある時期にしか働かないものもある．NHEJ はすべての細胞周期で働くが，HR は後期 S 期 /G2 期で，MMEJ は G1 期 / 前期 S 期に働くことが知られている．また，培養細胞株や生物種によって修復経路の依存性が異なるため，どの修復経路を利用すれば効果的なゲノム編集ができるかをあらかじめ考える必要がある．

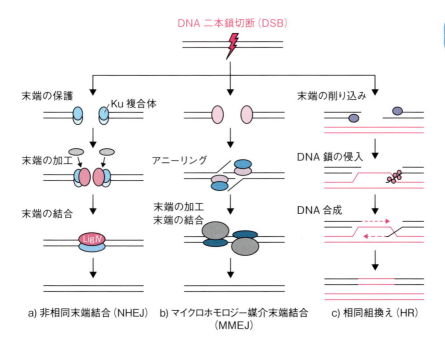

図 1.6 DNA 二本鎖切断の修復経路

　NHEJ は，DSB の切断末端をそのままつなぎ合わせる修復経路である（図 1.6a）．この経路では，まず切断末端に Ku 複合体（Ku70 と Ku80 のヘテロ二量体タンパク質）が結合し，末端を保護する．次に，必要に応じて末端が加工され，DNA リガーゼⅣ（LigⅣ）と様々なタンパク質の複合体によって末端が連結される．NHEJ は，鋳型を利用しない修復であり，数塩基の挿入や欠失などの修復エラーが起こりやすい経路であることが知られている．

　MMEJ は，切断部分のマイクロホモロジー配列（数塩基から数十塩基程度）を利用した経路である（図 1.6b）．この経路では，複数のタンパク質の関与によってマイクロホモロジー配列がアニーリングし，欠失変異を導入する．MMEJ 経路は，NHEJ で利用される Ku タンパク質に依存しないことや，連結に DNA リガーゼⅠ（LigⅠ）や DNA リガーゼⅢ（LigⅢ）が必要であることが明らかにされている．

HRは姉妹染色分体を鋳型とした正確性の高いDNA修復経路である（図1.6c）．この経路では，複数のタンパク質によって切断末端に削り込みが生じ，3′の凸出末端が形成される．3′凸出末端にはRad51タンパク質が結合し，他のタンパク質と共同して姉妹染色分体の相同配列を検索する．相同配列が見つかると，姉妹染色分体と対合し，DNA鎖を割り込ませることによってヘテロ二重鎖を形成する．さらに，修復のためのDNA合成が開始され，その後の解離によって修復が完了する．このようにHRによる修復には様々なタンパク質が関わるが，その多くは酵母からヒトまで保存されている．

1.3.2　遺伝子ノックアウト

人工DNA切断酵素によって切断された標的遺伝子は，上述のDNA修復経路によって修復される．この過程を利用して，遺伝子への変異導入（**遺伝子ノックアウト**）や外来遺伝子の挿入（**遺伝子ノックイン**）が可能である．

ゲノム編集を利用した遺伝子ノックアウトは，基本的に標的遺伝子を切断することによって行う（図1.7）．標的遺伝子へ導入されたDSBは，主に

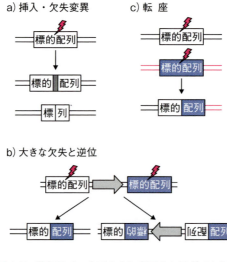

図1.7　遺伝子ノックアウトに利用されるゲノム編集

NHEJによって修復されるが，正しく修復されると再び人工DNA切断酵素の標的となる．NHEJはエラーが起こりやすい修復経路であるため，標的配列の切断と修復が繰り返された結果，多くの場合，数塩基の挿入や欠失などの変異が導入される（図1.7a）．遺伝子のコード領域を標的配列とすると，多くの場合フレームシフト変異が導入され，正常なタンパク質が作られなくなる．しかし，塩基の挿入や欠失が3の倍数で起こった場合（例えば3塩基の欠失であれば1個のアミノ酸の欠失となる），数個のアミノ酸の挿入や欠失が起こるだけでフレームシフト変異によるノックアウトにはならない．しかし，3の倍数で塩基の挿入や欠失の場合でも，タンパク質の機能ドメインでのアミノ酸の挿入や欠失は，機能ドメインの構造異常を引き起こしノックアウトが可能である．また，開始コドン(ATG)に変異を導入すると，正常な翻訳開始ができないためノックアウトが期待できる．

最近，ゲノム編集ツールによって誘導されたDSBが，NHEJ経路だけでなく，MMEJ経路によって修復されることが報告されている．NHEJ経路では，上述したように様々な挿入や欠失変異が導入されるため，修復後の塩基配列を予測することは難しい．一方，切断部分にマイクロホモロジー配列がある場合，MMEJ経路の修復後の塩基配列をある程度予測でき，MMEJによってフレームシフト変異を起こす標的配列を選ぶことが可能である．MMEJを利用して効率的に遺伝子破壊を行う目的で，フレームシフト変異を誘導するWeb上の検索サイト（MMEJ predictor[1-5]）も公開されている．

人工DNA切断酵素によって，同じ染色体上の2か所を同時に切断することで，大規模な欠失変異の導入も可能である（図1.7b）．この方法を用いた数千塩基から数M塩基の大きな欠失変異体の作製が，培養細胞や動物において報告されている．2か所を同時に切断することによって，機能ドメインのみの欠失や遺伝子をまるごと除くことができるので，1か所で切断する方法より確実なノックアウトが可能である．同じ染色体上の2か所の同時切断によって大きな欠失が起こる一方で，頻度は非常に低いが，逆位が起こる場合がある（図1.7b）．また，異なる染色体を同時に2か所切断すると，染色体転座が起こることも報告されている（図1.7c）．これらの同時切断には，

ZFN や TALEN も利用可能であるが，sgRNA の種類を増やすだけで簡単に実施できる CRISPR-Cas9 が最適である．

1.3.3 遺伝子ノックイン

　標的遺伝子の切断の際，修復に利用可能な二本鎖 DNA（通常はドナーベクターとして供給される）が存在すると，切断箇所に外来 DNA をノックインすることができる．ノックインはすべての修復経路を利用して行うことができるが，期待通り正確にノックインできるかどうかは修復経路に依存する．NHEJ 経路でのノックイン（NHEJ ノックイン）は，高効率に挿入できる利点がある一方，挿入方向が選べないという欠点がある（図 1.8a）．また，NHEJ は不正確な修復経路であるため，つなぎ目の部分に塩基の挿入や欠失がしばしば起こる．これに対して，修復精度の高い HR 経路でのノックイン（HR ノックイン）では，切断部位の両側の長い相同配列（500 塩基以上の配列でホモロジーアームとよばれる）がドナーベクターに存在すると，ホモロジーアームを介して外来 DNA を正確にノックインできる（図 1.8c）．精度の点から考えると HR ノックインが理想的であるが，HR 活性が低い細胞や

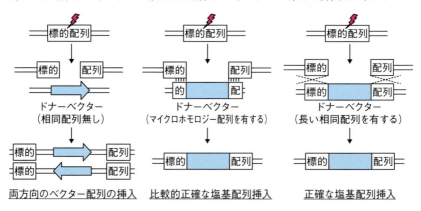

図 1.8　様々な修復経路を利用した遺伝子ノックイン

生物ではHRノックインは難しい．NHEJやHRでのノックインに対して，短い相同配列を介したMMEJ経路でのノックイン（MMEJノックイン）は，中間的な特徴をもつことが明らかにされている（図1.8b）．MMEJノックインでは，効率はNHEJノックインには劣るもののHRノックインに比べると高く，精度はHRノックインには劣るもののNHEJノックインより高い．

ノックインを利用すると，標的遺伝子座にレポーター遺伝子や薬剤耐性遺伝子を挿入することができる．例えば，ある遺伝子の発現を調べたい場合，その遺伝子のC末端をコードする部分に *GFP*（green fluorescence protein）遺伝子などのレポーター遺伝子をインフレームで連結させることによって，内在の遺伝子発現を継時的に観察することができる．また，培養細胞ではノックインを利用して，標的遺伝子を破壊した細胞を選別することができる．ノックイン効率が低い細胞では，ノックアウトする遺伝子に薬剤耐性遺伝子をノックインし，薬剤耐性を獲得した細胞を選別する方法（ポジティブ選別）によってノックアウト細胞を確実にクローン化できる．一方，動物のゲノム編集で受精卵を使う場合は，ポジティブ選別はできないので，ノックイン効率を高めるための工夫が必要となる．

最近，二本鎖DNAの代わりに一本鎖オリゴDNA（ssODN：single-stranded oligodeoxynucleotides）を利用した方法が簡便なノックイン法として広がっている．この方法では，人工DNA切断酵素の切断箇所を含むssODNを化学合成によって作製し，修復に利用する（図1.9）．ssODNの塩基配列を改変することによって一塩基レベルでの改変や短い塩基配列（タグ配列）の挿入が可能である[1-6]．動物のゲノム編集では，受精卵へ人工DNA切断酵素と化学合成のssODNを導入するだけで，疾患の原因

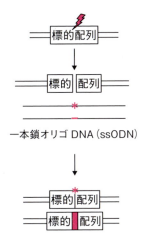

図1.9 ssODNを利用した遺伝子ノックイン

と考えられる一塩基多型（SNP：single nucleotide polymorphism）を標的遺伝子へ導入できることが報告されている．

1.4 ゲノム編集の派生技術

ゲノム編集はDNAを切断して改変する技術が中心であるが，近年，人工DNA切断酵素の塩基配列特異的に結合するドメインと様々な機能ドメインを融合した人工酵素が派生技術として開発されている（図1.10）．古くは，ZFNに使われるジンクフィンガーに転写活性化ドメインを結合した人工転写活性化因子が開発され，ジンクフィンガーを利用した派生技術の概念が提唱されてきた．TALENが開発されてからは，ジンクフィンガーに代わってTALEを利用した転写活性化因子や転写抑制因子が相次いで報告されてきた[1-7]．さらにクロマチンの修飾因子（DNAの脱メチル化酵素TET1[1-8]や，ヒストンのアセチル化酵素p300[1-9]など）を融合した人工酵素が注目されている．これらの人工酵素を利用した技術は，特定の遺伝子座のエピゲノム状態を改変することが可能なことから，エピゲノム編集とよばれている．

最近，CRISPR-Cas9を利用した派生技術の開発が急速に進んでいる[1-10]．この技術では，Cas9の2つのDNA切断ドメインのアミノ酸を改変して，DNA切断機能を不活性化したdCas9（dead Cas9；D10A/H840A変異体）がアダプターとして使われている．dCas9に上述の様々な転写活性化ドメインやクロマチン修飾因子を融合するのである．sgRNAを増やすだけで複数遺

図1.10　ゲノム編集の派生技術

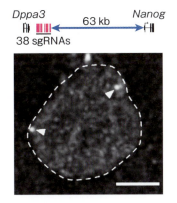

図 1.11 特定の遺伝子座のライブイメージング
dCas9-GFP と *Nanog* 転写開始点から上流 63 kb の領域に結合する 38 種類の sgRNA を利用して *Nanog* 遺伝子座を可視化した写真.矢尻は dCas9-GFP の遺伝子座の輝点を示す.点線は核を示す.スケールバーは 5 μm.(写真提供:広島大学 落合 博 博士)

伝子の発現調節やエピゲノム編集が可能なことから,今後は派生技術の開発においても CRISPR-Cas9 を中心として進められることは間違いない.

　派生技術は,特定の染色体や遺伝子座のイメージングにも利用できる.宮成ら(2013)は,TALE リピートに GFP タンパク質を融合して,テロメアやセントロメアなどの繰り返し配列のライブイメージングが可能なことを報告している[1-11].さらに,dCas9 に GFP を結合した融合タンパク質と複数の sgRNA を組み合わせることによって,特定の遺伝子座のライブイメージングも可能である(図 1.11)[1-12].

1.5　ゲノム編集の注意点

1.5.1　オフターゲット作用

　ゲノム編集を利用する場合,最も注意を必要とされるのが**オフターゲット作用**である.人工 DNA 切断酵素は,標的配列を特異的に切断するように設計されているが,ゲノム中に類似配列が存在すると,その配列を切断してし

ばしば変異を導入する．この現象がゲノム編集でのオフターゲット作用である．オフターゲット作用は，人工 DNA 切断酵素によってその程度が異なることが知られている．TALEN は，ペアで利用することによって標的配列を長く設定できるので，オフターゲット作用が低い人工 DNA 切断酵素である（合計で 30 塩基以上を認識して切断する）．一方，CRISPR-Cas9 で利用する sgRNA の標的配列は，20 塩基と短く，ある種の細胞株（不死化細胞株）では高い頻度のオフターゲット変異導入が報告されている[1-13]．

オフターゲット作用の有無は，ゲノム編集した細胞や生物の DNA から類似配列を含む領域を PCR で増幅して，その塩基配列を解析することによって調べることができる．しかし，より安全性を重視する研究（例えば再生医療向けの細胞作製など）では，類似配列だけでなく全ゲノムに対してオフターゲット作用の解析が必要となる．最近，TALEN や CRISPR-Cas9 で切断の可能性のあるオフターゲット配列を全ゲノムに対して検出する方法（GUIDE-seq 法[1-14] や Digenome-seq 法[1-15] など）が続々と開発されている．これらの方法を利用することによって，オフターゲット変異導入を効率的かつ網羅的に解析することが現在可能である．

オフターゲット作用を抑える技術の開発も盛んに行われている．CRISPR-Cas9 では，Cas9 の 2 つのヌクレアーゼドメインの 1 つに変異を入れた **Cas9 ニッカーゼ**（D10A 変異体）を利用した方法（**ダブルニッキング法**）が有効である[1-16]．sgRNA と Cas9 ニッカーゼの複合体は，標的配列に一本鎖の切断（DNA ニック）を導入する．2 つの sgRNA を隣接する反対の DNA 鎖に結合するように作製すると，標的遺伝子へ DSB を導入することができる（図 1.12a）．この方法の利点は，2 つの sgRNA が標的遺伝子の隣接した配列に結合しない限り，DSB は起こらない点である．仮に，sgRNA が類似配列に結合しても，一本鎖切断を導入するだけで NHEJ 経路での修復エラーは導入されないので，オフターゲット変異導入は起こらないわけである．オフターゲット作用をさらに低減する方法として，dCas9 に人工ヌクレアーゼの FokⅠ切断ドメインを連結した **FokⅠ-dCas9** を利用する方法が開発されている（図 1.12b）[1-17]．ダブルニッキング法と同じく，隣接した標的配列

1.5 ゲノム編集の注意点

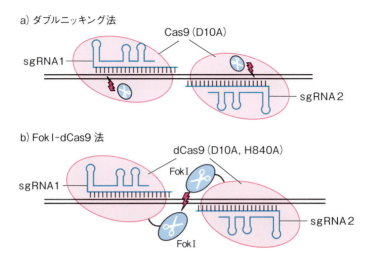

図 1.12　ダブルニッキング法と FokI-dCas9 法

に sgRNA が結合するように設計する．FokI-dCas9 と sgRNA の複合体がそれぞれ標的配列と結合すると，FokI が二量体を形成し，DSB を導入する．FokI-dCas9 は単量体では切断活性をもたないので，1 つの sgRNA が類似配列に結合しても，Cas9 ニッカーゼのような DNA ニックを入れることもない．一方で，これらの方法は，標的配列に対する切断活性が低くなる傾向があるので，特性をよく理解して利用することが重要である．

1.5.2　モザイク性

1.3.2 項（遺伝子ノックアウト）で説明したように，NHEJ 経路の修復では，数塩基から数十塩基の挿入や欠失が高頻度で誘導される．培養細胞では，人工 DNA 切断酵素を導入した時には異なるタイプの変異をもつ細胞が混在するが，単離培養することによって同じ変異タイプを有するクローンを得ることができる．一方，生物個体（動物の場合）では，受精卵に人工 DNA 切断酵素をインジェクションするため，変異導入は細胞分裂（卵割）を繰り返した細胞ごとに行われる．その結果，多くの動物で，複数の変異タイプをもつ

第 1 章　ゲノム編集の基本原理

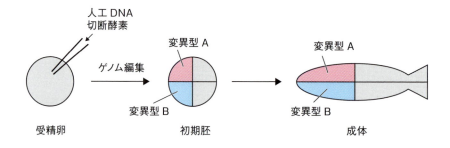

図 1.13　ゲノム編集のモザイク性

細胞から構成される個体となる（図 1.13）．この現象をゲノム編集の**モザイク性**とよんでいる．モザイク性が高いと，遺伝子機能が破壊された細胞と破壊できなかった細胞が混在することになり，目的の組織や臓器での遺伝子機能を調べることが困難なこともある．そのため，可能な限り発生の早い段階で変異導入することによって，モザイク性を低減することが望まれる．この問題を回避するための方法としては，これまで mRNA でインジェクションしていた人工ヌクレアーゼや Cas9 をタンパク質として導入し，より早く変異を導入することが挙げられる．次世代を得ることが難しい生物においては，受精後のどの発生段階で変異導入が起こっているかをよく調べた上で，モザイク性を低減したゲノム編集個体を作製することが重要となる．

1 章引用文献

1-1) Ochiai, H., Yamamoto, T. (2015) "Targeted Genome Editing Using Site-Specific Nucleases", Yamamoto, T. ed., Springer, p. 3-24.

1-2) Sakuma, T. *et al.* (2013) Genes Cells, **18**: 315-326.

1-3) Cermak, T. *et al.* (2011) Nucleic Acids Res., **39**: e82.

1-4) Jinek, M. *et al.* (2012) Science, **337**: 816-821.

1-5) MMEJ predictor：http://www.rgenome.net/mich-calculator/

1-6) Chen, F. *et al.* (2011) Nat. Methods, **8**: 753-755.

1-7) Crocker, J., Stern, D. L. (2013) Nat. Methods, **10**: 762-767.

1-8) Maeder, M. L. (2013) Nat. Biotechnol., **31**: 1137-1142.

1-9) Hilton, I. B. *et al.* (2015) Nat. Biotechnol., **33**: 510-517.

1-10) Dominguez, A. A. *et al.* (2016) Nat. Rev. Mol. Cell Biol., **17**: 5-15.

1-11) Miyanari, Y. *et al.* (2013) Nat. Struct. Mol. Biol., **20**: 1321-1324.

1-12) Chen, B. *et al.* (2013) Cell, **155**: 1479-1491.

1-13) Fu, Y. *et al.* (2013) Nat. Biotechnol., **31**: 822-826.

1-14) Tsai, S. Q. *et al.* (2015) Nat. Biotechnol., **33**: 187-197.

1-15) Kim, D. *et al.* (2015) Nat. Methods, **12**: 237-243.

1-16) Ran, F. A. *et al.* (2013) Cell, **154**: 1380-1389.

1-17) Guilinger, J. P. *et al.* (2014) Nat. Biotechnol., **32**: 577-582.

第2章　CRISPRの発見から実用化までの歴史

石野良純

> 30年前にCRISPRが発見された時，その奇妙な繰り返し配列が何を意味するのかまったく不明であった．今世紀に入ってから，それが真正細菌やアーキアにとっての獲得免疫機能を担っていることがわかり，その分子機構がわかってくると，人類はそれを，生物のゲノムDNAを狙ったところで切断し，その位置の遺伝子を破壊したり改変したりできるゲノム編集操作へ利用することを思いついた．CRISPRの応用によって，人類は望んでいた簡便で実用的なゲノム編集技術を手に入れたのである．本章では，大腸菌の基礎研究から思いがけなく発見されたCRISPRの機能が解明され，そしてゲノム編集技術として実用化されるまでを辿りながら，そのドラマチックな歴史を概説する．

2.1 はじめに

生物は自らの遺伝情報の安定な維持と子孫への伝達のために，種々のDNA代謝酵素を有する．DNA複製，修復，組換えなどの生命の基本メカニズムを理解しようとする研究が，DNAに作用する酵素の発見につながり，試験管内でDNAを切り貼りする遺伝子操作技術をもたらした．生物学における技術革新である．その後，耐熱性DNAポリメラーゼの研究がPCR技術の実用化につながり，遺伝子操作が顕著に簡便になったときに2度目の技術革新が起きた．最近脚光を浴びているRNA誘導型ヌクレアーゼCRISPR-Cas9を利用したゲノム編集技術は，その簡便性の高さにより急速に普及し，3度目の技術革新をもたらした．筆者が1986年に発見した奇妙な繰り返し配列は，後にCRISPR (clustered regularly interspaced short palindromic repeats) とよばれることになった．またCRISPRの近傍には保存された遺

伝子クラスターが見つかり，CRISPRと関連する機能を有していると予想されて，*cas*（CRISPR-associated）と名づけられた．CRISPR-*cas* が原核生物の獲得免疫機能を担うことが実験的に証明されると，その機構をゲノム上の狙った位置での切断技術に応用できることに気づいた研究者は，CRISPR-*cas* を用いたゲノム編集操作を試み，見事実用的な技術開発に成功した．筆者が 1987 年に発表した独特の繰り返し配列は，こうして 30 年の時を超えて思いがけなく CRISPR として有名になった（図 2.1）．本章は，CRISPR 発見からその応用に至るまでの軌跡を辿りながら，CRISPR-Cas9 を利用したゲノム編集技術を理解することを目的とする．

図 2.1 大腸菌の *iap* 遺伝子解析を行って，CRISPR を発見した当時（1986 年）の筆者（右）と中田篤男先生
（大阪大学微生物病研究所 化学療法部門研究室にて）

2.2 CRISPR 発見につながった大腸菌研究

1980 年代中頃，DNA の配列を解読する技術が生化学の各研究室に普及し始め，研究者は，それぞれ興味をもって研究していた現象に関係する遺伝子をクローニングして，その塩基配列を解読し，コードされているタンパク質のアミノ酸配列を推定し始めた．筆者も，大腸菌のリン酸代謝研究の中で，アルカリホスファターゼ（AP）に関する研究を行っていた．この研究は直接 CRISPR と関係しないが，CRISPR の発見につながった研究として簡単に紹介する．

AP は，核酸鎖の末端のリン酸を切除する酵素として遺伝子工学にも利用されている酵素であるが，この酵素はホモ二量体で機能し，細胞内においてサブユニットタンパク質のアミノ末端のアルギニン（Arg）の有無により

3種類のアイソザイムが存在する．すなわち，両サブユニット共にArgを保有しているものがアイソザイム1，片方だけのものはアイソザイム2，そして両方ともArgが無いものはアイソザイム3と呼ばれる[2-1]（図2.2）．アイソザイム間でのホスファターゼ活性は変わらないので，このアイソザイム形成の生理的意味は現在も不明であるが，筆者はアイソザイム形成の分子機構を解析していた．アイソザイム形成が起こらない（1型のみ産生される）大腸菌変異株が単離されたので，アイソザイム形成の原因遺伝子が存在すると予想して，その遺伝子に iap（isozyme conversion of alkali phosphatase）という名前が付けられた[2-2]．そして，大腸菌の遺伝子ライブラリーを作製して，それを iap 変異株に導入すると，野生型の iap 遺伝子を獲得した株はアイソ

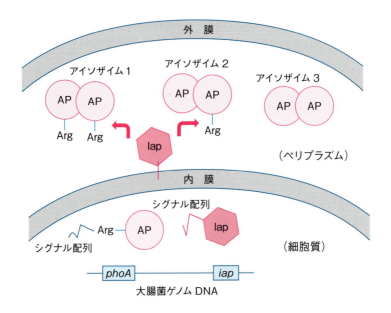

図2.2 大腸菌のアルカリホスファターゼのアイソザイム形成機構
　細胞質で合成されたアルカリホスファターゼ（AP）は，自身のシグナル配列を利用して，ペリプラズムに分泌される．Iap タンパク質もシグナル配列を有するが，完全に分泌されずに内膜に結合したまま AP の N 末端に存在するアルギニン残基を切断する．AP はホモ二量体なのでアルギニンの有無で3種類の分子（アイソザイム1, 2, 3）が形成される．どれも同等に活性を有する．

ザイム 2, 3 が産生されるので，そのような株を選択することによって *iap* 遺伝子がクローニングされた．次に，*iap* 遺伝子がどのようなタンパク質をコードするのかを知るために，得られた *iap* 遺伝子の塩基配列の解読が進められた．

当時普及し始めたばかりの配列決定操作は，配列を読みたい DNA を M13 ファージ DNA で構築されたベクター中に導入し，そこから一本鎖 DNA 調製を行って鋳型 DNA を用意した後，ジデオキシチェーンターミネーション反応（ジデオキシ反応）を行うという手順であった．微量の DNA は放射性同位元素 ^{32}P で標識する必要があり，そのためこの実験操作は放射性同位体使用可能な管理区域内で行う必要があった（図 2.3）．現在はジデオキシチェーンターミネーション反応も PCR で増幅するので，極微量の DNA 試料で分

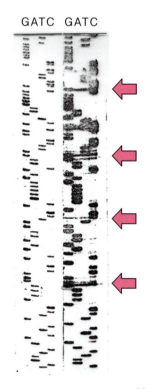

図 2.3　ジデオキシ法による配列解読データ
G, A, T, C それぞれにジデオキシリボースを有する 3 リン酸を含んだ DNA ポリメラーゼ反応を行った後，4 種の反応液を同時に，1 ヌクレオチドの長さの違いを検出できる電気泳動することにより，塩基の種類によって反応が停止した産物を検出することで塩基配列は解読できる．DNA ポリメラーゼによる合成産物は放射性 ^{32}P で標識しているため，電気泳動の後に X 線フィルムを感光させることによって，DNA の存在する位置にバンドが検出される．Klenow 酵素を使った場合（右側），鋳型 DNA の高次構造のために，DNA ポリメラーゼ反応がジデオキシヌクレオチドの基質に関係なく停止した箇所がいくつか観察される（矢印の位置）．*iap* 遺伝子の解読は Klenow 酵素を用いて解析したが，後に登場した耐熱性の Taq ポリメラーゼを用いて同じ DNA を解読すると，Klenow 酵素による非特異的な反応停止が解消されている（この図は当時のジデオキシ反応のイメージ例を示したもので，CRISPR 領域を解読したものではない）．

析ができ，しかもDNAの標識も蛍光で行う配列解読装置が利用できる．

このような操作によって iap 遺伝子の翻訳枠を含む全長 1664 塩基が解読された[2-3]．当時のジデオキシ反応には大腸菌のDNAポリメラーゼIからN末端の $5'→3'$ エキソヌクレアーゼドメインを欠失させたKlenow酵素が用いられていた．37℃でDNA鎖合成反応を行うと，鋳型DNAが自己的に二次構造などを形成しやすく，反応の進行を阻害する．そのためにジデオキシヌクレオチドの取り込みによらない反応停止が起きると，その部分の配列は確定できない（図 2.3）．その場合はM13ベクターにクローニングするDNA断片の切断位置を変えて，プライマー末端に続く読み始めの位置を変えながら解読できるまで実験を繰り返す必要があった．得られたオートラジオグラムのバンドを1本ずつ目で読みながら，手動でA，G，C，Tをコンピュータに打ち込んでいき，独立に両鎖の配列を解読して，最後に両鎖の相補性が完全に一致すれば，解読作業の終了となる．このようにして iap 遺伝子の塩基配列が解読され，翻訳読み枠の確定によって iap 遺伝子産物が 345 アミノ酸からなるタンパク質であることが判明した．Iap タンパク質はシグナルシークエンスを有し，大腸菌細胞質で産生された後に内膜に入り込むが，完全に通過することができずに，内膜に結合したままペリプラズム中に分泌されたAPに作用してN末端のアルギニン残基（Arg）を切断するアミノペプチダーゼであった[2-3]（図 2.2）．

2.3 CRISPR 発見

iap 遺伝子の翻訳領域は確定したが，クローニングされたDNA断片には iap 遺伝子の翻訳終止コドン（TGA）の下流にまだ 300 ヌクレオチドほど非翻訳領域が含まれていた．この部分の塩基配列解読を進めたが，前述のような高次構造をとり易い鋳型のために，Klenow酵素を用いたジデオキシ法で配列決定するのは大変な骨折り作業であった．種々の異なるサブクローンを作製したり，プライマーの位置を変えるなどの工夫をして何とか解読された配列は顕著に特徴的で，ステムループ構造形成可能なパリンドロミック配列の下流に規則正しい繰り返し配列が存在した（図 2.4）．この配列は 29 ヌク

レオチドからなり，32 ヌクレオチド長のスペースを挟んで規則正しく 5 回繰り返していた．繰り返しのコンセンサス配列は 5′-CGGTTTA<u>TCCCCGC</u>TGGC<u>GCGGGGA</u>ACTC-3′ という 29 鎖長で，2 回対称性の 14 ヌクレオチド配列（下線部）が含まれる．これが生理的に何を意味しているのかわからなかったが，当時バクテリアに保存された 2 回対称の REP（<u>r</u>epetitive <u>e</u>xtragenic <u>p</u>alindromic）配列が mRNA の安定性に寄与することが知られていた例から，転写制御の可能性が予想された．これがいわゆる CRISPR の発見であり，1987 年に国際誌に発表された[2,3]．大腸菌のこの遺伝子領域は，その後さらに解析されて，上記の繰り返し配列が大腸菌のゲノムの中でさらに連続しており，合計 14 回繰り返されること，また同様な繰り返し配列は大腸菌のゲノム中にもう 1 か所存在すること，さらに，これがサルモネラや赤痢菌など，他の細菌類にも存在することが示された[2,4]．

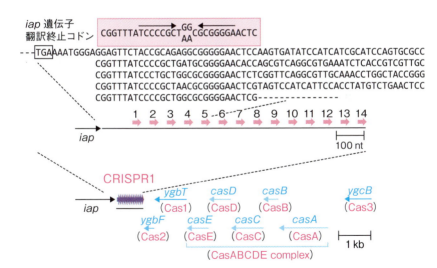

図 2.4　初めて見つかった CRISPR

大腸菌の *iap* 遺伝子解析の結果，初めて見つかった CRISPR は，*iap* 遺伝子の下流に，保存された配列が一定のスペースを置いて 5 回繰り返していた．その後のゲノム解析で合計 14 回繰り返されていることがわかり，また，その下流には *cas* 遺伝子群も同定された．

2.4 好塩性アーキア研究から CRISPR が見つかる

スペインのアリカンテ大学（Universidad de Alicante）の博士課程で，1989 年に好塩性アーキアの高塩濃度環境適応性の機構をテーマにして研究を始めたフランシスコ・モジカ（Francisco Mojica）は，好塩性アーキア細胞に存在するガス液胞が高塩濃度環境適応性に関係していることを予想し，ガス液胞関連遺伝子の発現調節機構を研究しようとしたが，この研究は他グループに先を越されたので，研究テーマを変更して，好塩性アーキアのゲノム DNA が培地の塩濃度の違いに依存して制限酵素での切れ方が変わることを見つけた[2-5]．彼はこの現象の原因として，塩濃度に依存して DNA 修飾が起こり，エピジェネティックに遺伝子発現制御が起こると予想した．ゲノム DNA を断片化して，配列解析を行っていくうちに，ある DNA 断片に規則正しい繰り返し配列を見つけた．それは 2 回対称性を含む綺麗に保存された配列が 14 回繰り返していた．これが，アーキアゲノムにおける CRISPR の発見である[2-5]．この配列は大腸菌の場合と同様に，タンパク質をコードしない領域にあった．彼らはノザンブロット解析を行って発現を調べたところ，単一バンドにならず複数のバンドからなる広い範囲のシグナルが得られたことから，この遺伝子領域は実際に転写されて様々な大きさの RNA にプロセスされることが示唆された（当時未発表）．この特徴的な繰り返し配列が生理的にどういう意味があるのかについては，大変興味がもたれたが，それを予想するのは容易ではなかった．

2.5 CRISPR はアーキア，バクテリアに広く存在する

筆者が 1987 年に CRISPR を報告してから 1990 年代半ばまでは，DNA 配列データは限られており，データベース上の配列比較によって CRISPR の機能を予測するのは不可能であった．しかし，DNA 塩基配列解読技術の改良が続き，解読操作が迅速化されてくるに連れ，生命科学は一種の生物の全ゲノム配列全体を解読する，いわゆるゲノム解析時代に入った．大腸菌から発見された CRISPR，すなわち相同性をもたないスペーサーを挟んだ規則正

しい繰り返し配列は，*Haloferax mediterranei*, *H. volcanii*[2-5], *Streptococcus pyogenes*[2-6], *Anabaena* sp. PCC7120 [2-7]などの，他の原核生物ゲノム中からも発見され，この繰り返し配列が大腸菌や一部のグラム陽性バクテリアに限らず，広く原核生物のゲノム中に存在することがわかってきた．繰り返し配列の長さは 21-40 bp であり，スペーサー配列は 20-58 bp という共通性があった．この繰り返し配列を，それぞれの著者が，SPIDR (spacers interspaced direct repeats), SRSR (short regularly spaced repeats), LCTR (large cluster of 20-nt tandem repeat sequences) などとよぶことを提唱して混乱を招いたため，2つの研究グループが相談して，CRISPR (clustered regularly interspaced short palindromic repeats) という名称でよぶことが提唱され[2-8]，それが定着した．CRISPR が全ゲノム配列の中で解析された最初の例は，1996 年にアーキアとして初めて全ゲノム配列が発表された好熱メタン菌の一種の *Methanocaldococcus* (*Methanococcus*) *jannaschii* である[2-9]．このアーキアのゲノム中には独特の繰り返し配列が 18 コピーも発見された．しかし，これはアーキアに特有ではなく，間も無く超好熱性の真正細菌である *Thermotoga maritima* にも似たような配列が見つかった．CRISPR が多くの原核生物ゲノムに共通に存在すると認識され始めた 2000 年当時のデータベース検索では，真正細菌の半数，アーキアのほとんどのゲノム中に CRISPR が検出された．

　CRISPR 分布の特徴を見てみると，進化的にどの系統により多く存在するという傾向は見られず，むしろ菌種によって異なる．例えば同じ *Mycobacterium* 属でも *M. tuberculosis* には CRISPR が存在するが，*M. leprae* には無い．また，系統的に関係の遠い *Escherichia coli* と *M. avium* がまったく同じ CRISPR を有している．1つのゲノム中に存在する CRISPR は，1コピー (*M. tuberculosis*) から 18 コピー (*M. jannaschii*) まで多様であり，また1つの CRISPR の繰り返し数も2回から 124 回まで様々である．原核生物のゲノムサイズ程度なら，現在の次世代シークエンシング技術では比較的簡単に全ゲノム配列が解読できるので，利用可能なゲノム配列データは急速に増えている．パリ第 11 大学の運営する CRISPR の情報を集めたデータベー

表 2.1 原核生物ゲノム中に見られる CRISPR 数の比較

	解析されたゲノム数	CRISPR数	CRISPR保有株（推定）	CRISPR非保有株
アーキア	150	563	126	24
バクテリア	2,612	3,502	1,176	873
合　計	2,762	4,065	1,302	897

データベース CRISPRdb（引用文献 2-48）から引用した（最終更新は 2014.8.5 である）．

スによると（http://crispr.u-psud.fr/crispr/），現在までに全ゲノム配列解析がなされているアーキア 150 種，真正細菌 2612 種のうち，それぞれ 126 種（84％），1176 種（46％）に，間違いないと推定される CRISPR が存在する（表 2.1）．

2.6　CRISPR-associated gene（cas）

ゲノム配列解析が進むと，CRISPR の近傍には保存された遺伝子クラスターが存在することがわかり，機能的に CRISPR と連動していると予想して cas（CRISPR-associated）遺伝子と名づけられた[2-8]．当初は 4 つの遺伝子が同定され（cas1，cas2，cas3，cas4），これらは CRISPR を有しているゲノム中にすべて揃っていないものもあり，また配置の順番や CRISPR との相対的な位置関係が様々ながらも，CRISPR を有するゲノムには広く保存されていた．また，CRISPR を有しないゲノム中には cas 遺伝子もまったく見つからないことから，cas 遺伝子は機能的に CRISPR と関連していることが予想された．また，複数の CRISPR を有するゲノム中にはそれぞれに異なる cas 遺伝子が存在し，CRISPR と cas は機能的に連動しながら進化してきたと考えられた．その後，バイオインフォマティクスによる詳細な配列比較の結果，さらに多くの cas 遺伝子が見つかり，45 種のファミリーが提唱された[2-10]．特に，好熱性のアーキアや真正細菌のゲノム中にコードされるアミノ酸配列の中に，ヘリカーゼやヌクレアーゼ様の配列を有する機能未知のタンパク質を見いだした研究者が，それらのタンパク質に何かの DNA 修復経路が関係すると予想して，RAMPs（repeat-associated mysterious proteins）と名づけた．

そのタンパク質ファミリーは[2-11]，その後，Cas であることがわかり，Cas5, 6, 7 に分類されている[2-12]．

2.7　CRISPR-Cas の機能同定

CRISPR の発見以来，その生理的機能に興味がもたれた．近隣遺伝子の発現調節に関わっているだろうという予想に加えて，ゲノム DNA の複製後の分配に関わる[2-13]，複製の速度の調節に関わる[2-14]，高熱適応に伴う染色体 DNA 再編に関わっている[2-15, 16]などの仮説が出された．実際にゲノム上の CRISPR を比較すると，超好熱性アーキアの *Pyrococcus*, *Aeropyrum*, *Sulfolobus* や，超好熱性真正細菌の *Aquifex*, *Thermotoga* などに，より多く，またより長い CRISPR が存在する傾向にあり，CRISPR の機能が高熱環境適応と関係する可能性を想像させたが，実験的証拠は得られなかった．また先に述べたように，Cas タンパク質がヘリカーゼ，ヌクレアーゼ，ポリメラーゼなどの核酸酵素に類似した配列を有することから，未知の DNA 修復に関係するのではないかとも予想された[2-11]．

配列情報の蓄積により，CRISPR 領域のより詳細な配列解析の結果，CRISPR の繰り返し配列の間にあるスペーサー領域には，既知のバクテリオファージやプラスミドに相同な配列が含まれていることがわかった[2-17]．そこから，CRISPR-Cas はこれらの外来 DNA の侵入から細胞を守るための生体防御システムとして機能しているのではないかという提唱がなされた．この仮説は 2007 年に乳酸菌の一種である *Streptococcus thermophilus* を用いて実験的に証明された[2-18]．すなわち，*S. thermophilus* ゲノム上の CRISPR のスペーサー領域にファージの配列を人工的に挿入すると，ファージに感染していた菌が抵抗性を示すように形質転換された．また，ファージ配列を欠失させるとファージ感染の抵抗性は消失した．さらに，CRISPR がプラスミドの接合や形質転換能にも関与していることが実験的に示され，CRISPR-Cas は原核生物の獲得免疫システムとして広く知られるようになった[2-19, 20]．

2.8 CRISPR-Cas の作用機構

CRISPR-Cas が獲得免疫に関わることがわかってくると，次にはその作用機構を明らかにするための研究へ進んだ．S. thermophilus は，CRISPR-Cas 機能の効率が悪く，プラスミドの形質転換から部分的に防御されることから，細胞内に侵入したプラスミドが切断された線状型で単離でき，その切断様式を調べることができた[2-21]．S. thermophilus 由来の CRISPR-Cas をコードする遺伝子領域をクローニングして，大腸菌に導入することによって，その大腸菌がファージの感染やプラスミドによる形質転換に対して抵抗性を示すということが報告され，さらに標的 DNA の切断には Cas9 だけで十分であり，他の Cas タンパク質は必要ないことが示唆された[2-22]．そして，試験管内においてその反応系を再構成することが試みられた[2-23, 24]．

CRISPR-Cas がどのようにして獲得免疫システムとして働くのか，その作用機構の解析が進んだ結果，このシステムは獲得（adaptation），発現（expression），切断（interference）の3段階の過程を経て，侵入 DNA から

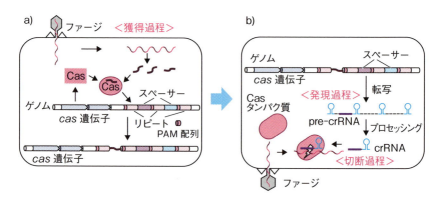

図 2.5 CRISPR-Cas 獲得免疫のしくみ
CRISPR-Cas による獲得免疫機構は，以下の3段階の過程で進むと理解されている．**獲得過程**：外来 DNA を断片化して CRISPR のスペーサー領域に挿入することで，その配列をゲノム上に記憶する．**発現過程**：CRISPR 領域の転写によって pre-crRNA が生成され，それがプロセッシングを受けて crRNA になる．**切断過程**：crRNA に存在するスペーサー配列を利用して，外来 DNA を捕らえ，Cas タンパク質（エフェクター）との複合体が DNA を切断する．

の生体防御が成立することが解明された[2-25, 26]（図 2.5）．外来 DNA を 30 bp 程度に断片化してスペーサー領域に取り込む獲得過程によって，まずその配列が細胞に記憶されることになる．挿入配列の認識は，挿入される DNA 中の共通の配列モチーフ PAM（protospacer adjacent motifs）に依存する．PAM は通常，数ヌクレオチドの短い配列モチーフであり，CRISPR-Cas の違いによって様々に異なる．さらに PAM は，CRISPR に対する挿入配列の方向も決定する．挿入のための断片化は Cas1-Cas2 タンパク質が担っていると考えられている．

このようにして免疫された細胞に，同じ配列を有する DNA が侵入した際には，CRISPR 領域が転写されて，その DNA と相同な配列を有する RNA 鎖（pre-crRNA）が生成される．このときの転写には，CRISPR の外側のリーダー配列とよばれる AT に富んだ部分がプロモーターとして働く．生成された pre-crRNA のプロセッシングは，Cas タンパク質やその付随タンパク質の特異的エンドヌクレアーゼ活性によって切断されて CRISPR RNA（crRNA）となる．crRNA が生成される発現過程を経て，Cas タンパク質（エフェクターとよばれる）と複合体を形成した crRNA が，自身と相同な配列を有する外来 DNA に結合して，その位置で外来 DNA 鎖を切断する（切断過程）．

2.9 CRISPR-Cas の分類

CRISPR の近隣には非常に多種類の Cas タンパク質が見つかることから，その機能との相関を理解するために，CRISPR-Cas の分類が進められた．Cas タンパク質の分布を詳細に調べると，3 種の Cas タンパク質が CRISPR-Cas 分類の指標になることがわかり，Cas3，Cas9，Cas10 を含む CRISPR-Cas をそれぞれ，タイプ I，II，III とよぶことが提唱された（図 2.6）[2-27]．Cas3 は，スーパーファミリー 2 のヘリカーゼと一本鎖ヌクレアーゼ様の配列を有する．Cas9 は，組換え中間体解消酵素の RuvC 様のドメインと，制限酵素やホーミングエンドヌクレアーゼに共通に見られる H-N-H ドメインを有する．また，Cas10 は，DNA ポリメラーゼ共通の右手構造を形成する手のひら（pelm）ドメインを有するタンパク質である．これらの指標 Cas はすべて crRNA と

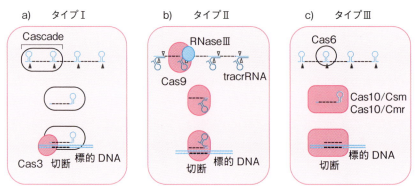

図 2.6 CRISPR-Cas の 3 つのタイプ
CRISPR-Cas は pre-crRNA のプロセッシングと標的 DNA 切断の仕組みの違いによって分類される.
a：タイプ I では，Cas タンパク質が複合体を形成した Cascade がその機能を果たすが，pre-crRNA のプロセッシングには Cas5 または Cas6 を必要とし，標的 DNA の切断には Cas3 を必要とする.
b：タイプ II では，pre-crRNA のプロセッシングに RNaseIII と tracrRNA が必要で，標的 DNA の切断には Cas9 が働く.
c：タイプ III では，pre-crRNA のプロセッシングに Cas6 が働き，標的 DNA の切断には Cas10/Csm または Cas10/Cmr 複合体が必要である.

複合体を形成し，最後の切断過程で働くエフェクタータンパク質である．タイプ III の Cas10 は Csm と複合体を形成して標的 DNA 鎖を切断するが，Cmr と複合体を形成した場合は，DNA 鎖だけではなく RNA 鎖も切断標的とすることから，これらをさらに分類して，それぞれタイプ III-A，タイプ III-B とよばれるようになった．獲得過程で働く Cas1, Cas2 はどのタイプにも共通に存在する．発現過程では，タイプ I は pre-crRNA のプロセッシングに Cascade（CRISPR-associated complex for antiviral defense）とよばれる複合体を有する．これには Cas5, 6, 7 などのタンパク質が含まれる．また，タイプ III では Cas6 を含む RAMP タンパク質複合体が主として pre-crRNA のプロセッシングを行う．タイプ I，III に比べて，タイプ II の場合，発現，切断機構が顕著に異なる．タイプ II が実用的なゲノム編集技術に応用されたので，ここで少し詳しく述べる.

　タイプ II では，crRNA の生成とその後の標的 DNA 鎖の切断には Cas9 だ

けで十分であり，発現過程としては最もシンプルであるが，単純に Cas9 が pre-crRNA 鎖を切断してプロセスするのではなく，ゲノム上の CRISPR とは別の領域から転写されてできた RNA 鎖を必要とする点が特徴的である[2-28]．この tracrRNA（trans-activating CRISPR RNA）と名づけられた RNA 鎖が，pre-crRNA の相同配列を見つけて二本鎖 RNA を形成する．そこに Cas9 が結合して複合体を形成する．この二本鎖 RNA 領域を宿主菌のハウスキーピング酵素の一種である RNase III が切断し，Cas9-crRNA-tracrRNA 複合体が形成される．この状態で外来 DNA をスキャンして，相同配列を見つけたら結合する．その際，外来 DNA に含まれる PAM 配列が重要である．PAM は CRISPR ごとに異なるが，最もよく研究されている *S. pyogenes* の Cas9 による認識に必要な PAM 配列は 5′-NGG-3′（N は任意の塩基）であることがわかっている．PAM に結合した Cas9 は二本鎖の DNA を開裂させ，crRNA と外来 DNA との二本鎖形成を誘導する．Cas9 は前述のように 2 つのエンドヌクレアーゼドメインを有する．それぞれのヌクレアーゼ活性が，標的の DNA のそれぞれの鎖を切断することにより二本鎖切断が起こる．crRNA と二本

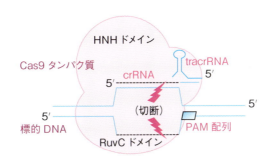

図 2.7 crRNA-tracrRNA-Cas9 による標的 DNA の切断機構
Cas9-crRNA-tracrRNA 複合体が PAM を含む外来 DNA に結合する．その際に，PAM に結合した Cas9 は二本鎖の外来 DNA を開裂させ，crRNA と外来 DNA との二本鎖形成を誘導する．Cas9 は 2 つのドメインからなるタンパク質であり，crRNA と二本鎖を形成している方の DNA 鎖は HNH ドメインによって切断され，もう片方の DNA 鎖は RuvC ドメインにより切断されることで，標的 DNA に二本鎖切断が生じる．

鎖を形成している方の DNA 鎖が Cas9 の HNH ドメインによって切断され，もう片方の DNA 鎖は，RuvC ドメインによって切断されることが証明された[2-23, 24]（図 2.7）．

このような分類に注目して，これまでに真正細菌とアーキアのゲノム中に検出されている CRISPR-Cas を比べてみると，その分布には明らかに偏りがある[2-26]．顕著な特徴として，タイプⅡは真正細菌だけに存在し，アーキアにはまったく見つかっていない．また，タイプⅢは明らかにアーキアに多く存在する．タイプⅠに関してはどちらにも存在する．さらに特徴的なのは，多くのアーキアが 1 つのゲノムの中に異なるモジュールからなる複数の CRISPR-Cas を有しているということである．なお，CRISPR と Cas1，Cas2 が存在しないのに Cas タンパク質を有するゲノムがあり（*Acidithiobacillus*

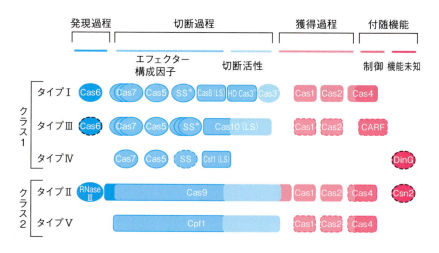

図 2.8　CRISPR-Cas の新しい分類法
Cas の詳細な配列と遺伝子配置をもとに，さらに分類を進めた結果，CRISPR-Cas を大きく 2 つのクラスに分けて，その中でタイプ分けがなされた．クラスの違いは，切断過程で働くエフェクターが，複数の Cas による複合体であるか，単一のエフェクターが担うかで分けられている．従来のタイプⅠ，Ⅱ，Ⅲに加えて，タイプⅣ，Ⅴをそれぞれクラス 1，2 に加えた．タイプⅣ，Ⅴは獲得過程で必要な Cas1，Cas2 が無かったり，また CRISPR 配列が近傍に存在しないものである．獲得免疫の各過程を色分けして示しており，各過程で働く Cas を同じ色で示している．点線で囲まれたタンパク質は必須でないものである．

ferrooxidans），crRNAを介さずにDNA-Casの相互作用によって外来DNAを認識する可能性が予想されているが，これをタイプⅣとすることが最近提唱されている[2-27]．さらに詳細な解析の結果，原則的に上記の分類を維持しながらも，さらに詳細に分類する方法が提唱された[2-29]．切断過程でcrRNAと複合体を形成するエフェクタータンパク質が複数のものをクラス1，単独のものをクラス2として大きく分ける．エフェクターが複雑なタイプⅠ，Ⅲはクラス1に属し，タイプⅡはエフェクターがCas9単独なのでクラスⅡに属する．さらに，それぞれのクラスにタイプⅣ，タイプⅤを加えた．タイプⅣは先に述べたとおりであるが，タイプⅤはCas9の変わりにCpf1というヌクレアーゼ活性を有するタンパク質を有するものである．この分類法を図式的に示す（図2.8）．

2.10 CRISPR-Cas9のゲノム編集への応用

「ゲノム編集」という技術は，ゲノム上の狙った位置で二本鎖DNAを切断することから始まったものであり，そのために，ZFNやTALENといった人工ヌクレアーゼが開発されてきた[2-30]．すでに述べたように，CRISPR-Casの中でも特に，タイプⅡ CRISPR-Casのメカニズムが最もシンプルであり，*S. thermophilus*[2-23]および*S. pyogenes*[2-24]を材料として，いち早く再構成系が構築された．すなわち，標的DNAの二本鎖を特定の位置で切断するために，その配列と相同配列を有するcrRNAとtracrRNA，そしてヌクレアーゼ活性の供給源としてCas9があれば十分であることが実験的に証明された．さらに，crRNAとtracrRNAを人工的につなげてしまって一本のRNA鎖［single guide RNA（sgRNA）］にしても機能に影響がないということも証明された[2-24]．その後，*S. pyogenes*のCRISPR-Casをヒトの腎臓細胞やマウスの神経細胞内で発現させて，標的のDNAを切断することが試みられ，見事に成功した[2-31, 32]．また，pre-crRNAのプロセッシングには*S. pyogenes*由来のRNase Ⅲを同時に発現させる必要はなかったので，おそらく哺乳類細胞が有するRNaseが機能していると考えられた．この結果，タイプⅡのCRISPR-Casは，高等真核生物の細胞内で，ゲノムDNAを特定の位置で切

断する技術として実用的であることが示された．CRISPR-Cas9 は，標的配列の認識がガイド RNA との塩基対形成という単純な機構によるので，これまで同様の目的で開発されてきた人工ヌクレアーゼの ZFN や TALEN を標的配列ごとに作製する方法[2-30]に比べて，圧倒的に簡便であることから，実用的なゲノム編集技術として急速に普及している．

2.11　CRISPR-Cas9 の種々の応用例

CRISPR は多くの真正細菌とアーキアのゲノム上に存在し，しかも顕著に多様性に富んでいるので，これを遺伝子マーカーとして菌種の同定に利用することが，CRISPR-Cas の機能解明以前から行われていた．例えば結核菌のタイピングは診断や疫学的に役に立つ[2-33]．CRISPR を利用したタイピングはペスト菌[2-34,35]，サルモネラ菌[2-36,37]，ジフテリア菌[2-38]などの病原細菌にも利用されている．また，CRISPR-Cas による標的 DNA 配列の特異的切断を，病原菌の配列切断に利用すれば，新たな作用機序による抗菌薬として利用でき，特に既存の抗生物質に対する耐性菌の駆除にとって貴重な治療薬となることが期待される．例えば，マウスの皮膚に感染するブドウ球菌の抗生物質耐性菌を CRISPR-Cas9 を用いて選択的に死滅させたり[2-39]，病原性大腸菌の腸内感染を防いだ実験が報告されている[2-40]．CRISPR-Cas を治療薬として実用化するにはデリバリー法の問題点など解決すべき問題を有しているが，今後の研究が期待される．また，CRISPR-Cas によって特定の菌株にファージ耐性を付与する方法は，種々の発酵食品産業の有用菌を製造過程でファージ感染から防御する手段としてきわめて有用である．

Cas9 の DNA 鎖切断活性は，HNH ドメインと RuvC ドメインが担っていることが解明されているので，それぞれの活性中心のアミノ酸を置換すれば，切断活性の無い Cas9（dCas9）を得ることができる．dCas9 は分子生物学実験ツールとしてきわめて有用である．CRISPR-dCas9 は，標的 DNA 配列に結合することができるが，そこに留まるだけで切断をすることはできない．したがって，dCas9 に蛍光タンパク質（GFP）を融合させておくと，sgRNA 配列に依存して Cas9 が標的配列に結合するので，その位置を特異的に標識

することができる．この生細胞内部位特異的標識法は[2-41]，多くの応用が可能である．また，CRISPR-dCas9 が標的 DNA 配列に特異的に結合できることを利用して，人工的に遺伝子発現を制御することができる．例えば，ある遺伝子のプロモーター領域や，オープンリーディングフレーム内へ dCas9 を結合させることによって，その遺伝子の発現量を 2 桁減少させることができている[2-42〜44]．dCas を転写の活性化因子と融合させたり，細菌真正細胞の RNA ポリメラーゼの ω サブユニットと融合させて，特定のプロモーターに結合させるようにガイド配列を設定するなどにより，転写を促進させる工夫もなされているが，抑制する場合に比べてそれほど容易ではなさそうである．

2.12 まとめ

約 30 年前に大腸菌の遺伝子解析から発見された CRISPR は，ゲノム配列解析時代に入り，多くの配列データが蓄積されたことによって，原核生物の獲得免疫機構に関わっていることがわかった．さらにその作用機構解析によって，CRISPR-Cas9 は，遺伝子実験の経験者であれば即座に実施できるほどの簡便な遺伝子操作技術開発の材料となった．PCR が発表されて，それが耐熱性 DNA ポリメラーゼの利用によって実用化されたときの衝撃は，それまで煩雑な種々の方法を組み合わせて遺伝子操作を行ってきた研究者たちにとっては，あまりにも大きなものであったが，CRISPR-Cas9 のゲノム編集技術への応用は正にそれに匹敵するもので，分子生物学の新たな革命であることは間違いない．何を担うのかまったくわからなかった奇妙な繰り返し配列から，人類は大きな遺伝子操作技術を手にした．ゲノム編集はヒトを含む高等真核生物でばかり注目されているが，もちろん真正細菌，アーキアの種々のゲノム工学にも利用可能である[2-45]．これによって，生命科学の発展の新たなエンジンが点火されたと言える．CRISPR-Cas9 はガイド配列に依存して，ゲノム上の狙ったところに Cas9 を結合させることができるので，その応用範囲はきわめて広い．CRISPR-Cas の研究は今世界中で最も盛んな領域の 1 つであり，日々どんどん新しい論文が発表されている．ここで紹介し

た応用例はどれもこの 1 ～ 2 年の間に報告されたものである．今後もますます CRISPR-Cas9 を応用した実験例が発表されるであろう．分類のところで示した Cpf1 は，実際に Cas9 と同じように RNA 誘導型のヌクレアーゼであることが最近実験的に証明され，しかも Cpf は tracrRNA を必要としないので，よりシンプルな系を構築できる可能性がある[2-46]．さらに，Cas9 のような活性を有する単一エフェクタータンパク質 C2c1，C2c3 も報告された[2-47]．新たなタンパク質の利用や既存のタンパク質の改変により，ゲノム編集技術はまだまだ改良されていくであろう．

2 章 引用文献

2-1) Piggot, P. J. *et al.* (1972) J. Bacteriol., **110**: 291-299.

2-2) Nakata, A. *et al.* (1982) Gene, **19**: 313-319.

2-3) Ishino, Y. *et al.* (1987) J. Bacteriol., **169**: 5429-5433.

2-4) Nakata, A. *et al.* (1989) J. Bacteriol., **171**: 3553-3556.

2-5) Juez, G. *et al.* (1990) J. Bacteriol., **172**: 7278-7281.

2-6) Hoe, N. *et al.* (1999) Emerg. Infect. Dis., **5**: 254-263.

2-7) Masepohl, B. *et al.* (1995) Biochem. Biophys. Acta, **1307**: 26-30.

2-8) Jansen, R. *et al.* (2002) Mol. Microbiol., **43**: 1565-1575.

2-9) Bult, C. J. *et al.* (1996) Science, **273**: 1058-1073.

2-10) Haft, D. H. *et al.* (2005) PLoS Comput. Biol., **1**: e60.

2-11) Makarova, K. S. *et al.* (2002) Nucleic Acids Res., **30**: 482-496.

2-12) Makarova, K. S. *et al.* (2011) Biol. Direct, **6**: 38.

2-13) Mojica, M. M. *et al.* (1995) Mol. Microbiol., **17**: 85-93

2-14) Lundgren, M. *et al.* (2004) Proc. Natl. Acad. Sci. USA, **101**: 7046-7051.

2-15) Riehle, M. M. *et al.* (2001) Proc. Natl. Acad. Sci. USA, **98**: 525-530.

2-16) DeBoy, R. T. *et al.* (2006) J. Bacteriol., **188**: 2364-2374.

2-17) Mojica, F. J. M. *et al.* (2005) J. Mol. Evol., **60**: 174-182.

2-18) Barrangou, R. *et al.* (2007) Science, **315**: 1709-1712.

2-19) Horvath, P., Barrangou, R. (2010) Science, **327**: 167-170.

2-20) Wiedenheft, B. *et al.* (2012) Nature, **482**: 331-338.

2-21) Garneau, J.E. *et al.* (2010) Nature, **468**: 67-71.

2-22) Sapranauskas, R. *et al.* (2011) Nucleic Acids Res., **39**: 9275-9282.

2-23) Gasiunas, G. *et al.*(2012) Proc. Natl. Acad. Sci. USA, **109**: E2579-2586.

2-24) Jinek, M. *et al.* (2012) Science, **337**: 816-821.

2-25) Jiang, W. *et al.* (2015) Annu. Rev. Microbiol., **69**: 209-228.

2-26) Rath, D. *et al.* (2015) Biochimie, **117**: 119-128.

2-27) Makarova, K. S. *et al.* (2011): Nat. Rev. Microbiol., **9**: 467-477.

2-28) Deltcheva, E. *et al.* (2011) Nature, **471**: 602-607

2-29) Koonin, E. V., Krupovic, M. (2015) Nat. Rev. Microbiol., **16**: 184-192.

2-30) Wood, A. J. *et al.* (2011) Science, **333**: 307.

2-31) Cong, L. *et al.* (2013) Science, **339**: 819-823.

2-32) Mali, P. *et al.* (2013) Science, **339**: 823-826.

2-33) Kamerbeek, J. *et al.* (1997) J. Clin. Microbiol., **35**: 907-914.

2-34) Pourcel, C. (2005) Microbiology, **151**: 653-663.

2-35) Cui, Y. *et al.* (2008) PLoS One, **3**: e2652.

2-36) Liu, F. *et al.* (2011) Appl. Environ. Microbiol., **77**: 1946-1956.

2-37) Liu, F. *et al.* (2011) Appl. Environ. Microbiol., **77**: 4520-4526.

2-38) Mokrousov, I. *et al.* (2005) J. Clin. Microbiol., **43**: 1662-1668.

2-39) Bikard, D. *et al.* (2014) Nat. Biotechnol., **32**: 1146-1150.

2-40) Citorik, R. J. *et al.* (2014) Nat. Biotechnol., **32**: 1141-1145.

2-41) Chen, B. *et al.* (2013) Cell, **155**: 1479-1491.

2-42) Bikard, D. *et al.* (2013) Nucleic. Acids. Res., **41**: 7429-7437.

2-43) Qi, L. S. *et al.* (2013) Cell, **152**: 1173-1183.

2-44) Gilbert, L. A. *et al.* (2013) Cell, **154**: 442-451.

2-45) Mougiakos, I. *et al.* (2016) Trends Biotechnol., **34**: 575-587.

2-46) Zetsche, B. *et al.* (2015) Cell, **163**: 759-771.

2-47) Shmakov, S. *et al.* (2015) Mol. Cell, **60**: 385-397.

2-48) Grissa, I. *et al.* (2007): BMC Bioinformatics, **8**: 172.

第3章　微生物でのゲノム編集の利用と拡大技術

近藤昭彦・西田敬二・荒添貴之

　微生物は基礎研究の材料として，また物質生産などの産業応用，あるいは病原性についても重要な生物種が多岐にわたっている．いわゆる研究モデルとなる微生物においてはすでに基本的な遺伝子操作手法は整っているが，ゲノム編集技術ではさらに高度なゲノム情報操作が期待される．他方これまでは遺伝子改変が困難であったために研究開発が進んでいなかったような幾多の微生物にとって，ゲノム編集技術はその障壁を一気に取り払い，大きな利用可能性を引き出すものと期待される．ただしこれまでの試みから微生物の一般的な特徴として，人工DNA切断酵素の発現の毒性によって細胞がほとんど死んでしまう，またそれゆえ「エスケープ」（何らかの形で人工ヌクレアーゼの作用を回避するもの）が生じるというケースが多く見られている．これは高等な多細胞生物とはDNA傷害に対する生存戦略が異なるためであると推察される．このため微生物においてのゲノム編集技術の利用は，他の生物よりも少し追加の工夫が必要になる．

　本編では，まずバクテリアにおける主な遺伝子改変手法としてリコンビニアリングとGroup IIイントロンを紹介すると共に，ゲノム編集技術の導入状況について解説する．次に真核微生物として，原生動物，酵母，糸状菌に分けてそれぞれの材料特性について解説すると共に，それに合わせたゲノム編集技術の利用手法について解説する．またゲノム編集技術の発展形としての転写制御技術，非ヌクレアーゼ型の技術応用や，ゲノムスケール長鎖DNA合成技術についても概説する．

3.1 バクテリアにおける遺伝子改変とゲノム編集技術の利用

3.1.1 バクテリアにおけるリコンビニアリング（recombineering）による遺伝子改変

現在バクテリアにおいて広く用いられている遺伝子改変手法としてリコンビニアリングがある[3-1]．これは，DNA複製の際に一本鎖の相同配列が組み込まれることを利用した，広義の相同組換え手法である．DNA複製はDNA二重鎖の両側で同時に，しかし逆方向に起こるため，**複製フォーク**という構造になる（図3.1）．このなかでDNAポリメラーゼの伸長反応に沿った方向（$5'→3'$）はシームレスに合成を行える（**リーディング鎖**の合成）が，逆鎖側は，断続的に伸長させてつなぎ合わせるということを行う（**ラギング鎖**の合成）．このときに一時的に生成される断片的なDNAが**岡崎フラグメント**である．もしこのときに相同配列をもった一本鎖DNAが存在すると，この岡崎フラグメントに代わってゲノム中に挿入され得る．ただし，それによってミスマッ

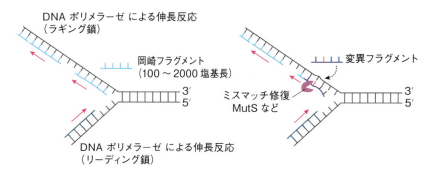

図3.1 DNA複製フォークの模式図
DNA複製においてDNAポリメラーゼは$5'$から$3'$にのみ伸長反応を行うので，DNA二重鎖の上下それぞれにおいて逆方向にDNA合成が行われる．DNA複製の伸長方向と同じリーディング鎖ではそのまま伸長が進むが，反対方向のラギング鎖では，短いRNAプライマーを基にDNA合成が行われて複数の岡崎フラグメント（青）が合成されて連結される．その際に，相同性の高い配列が代わりに挿入されることがあるが，一致しない配列部分はミスマッチ修復機構（MutSなど）によって大部分は修復され（右図），一部の修復を免れたものは変異として導入される．

第3章 微生物でのゲノム編集の利用と拡大技術

チが生じれば，通常はほとんどが元の配列に修復されてしまう．

この組込み効率を飛躍的に高めるために開発されたのが，ファージ（バクテリアに感染するウイルス）などの組込みを促進する因子を利用する **Lambda Red system** である（図3.2）．Lambda Red system は主に3つのコンポーネント（Exo, Beta, Gam）からなり，これらはベクターから発現されるか，あらかじめ導入されている宿主を用いる．これら3つのコンポーネントは DNA 断片を一本鎖にしたうえで，DNA 複製における取込みを促進することで，相同配列に依存した組込みを行う．実際に変異体を獲得するには依然として選抜が必要であり，基本的には組み込まれる配列内に選抜マーカーを載せる必要がある．そこでミスマッチ修復酵素である **MutS** を破壊す

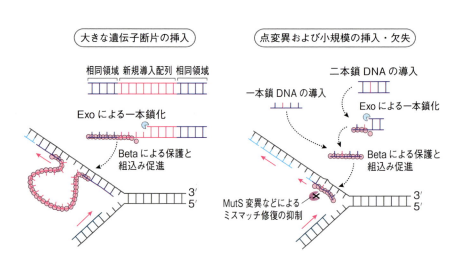

図3.2 Lambda Red system によるリコンビニアリングの模式図
ゲノム中に相同な配列領域をもつ DNA が導入されると，Lambda Red システムの Exo がまず DNA を一本鎖にし，Beta がその一本鎖領域に結合して保護しつつ DNA 複製フォークでの相同鎖へのアニーリング（相補的結合）を促進する．この図には示していないが，Gamma は内在のヌクレアーゼを阻害して DNA の分解を防ぐ．

ると，いったん取り込まれた変異断片は修復されないため，変異導入効率はさらに大きく高まり，選抜無しでも変異体の獲得が可能になって点変異を直接導入するようなことが実現された[3-2]．ただし MutS 変異株は非特異的な変異率も上昇させるので，そのような株を用いると実際の用途は限られる．またこのようなリコンビニアリング手法を高速自動化したものとして **MAGE**（<u>m</u>ultiplex <u>a</u>utomated <u>g</u>enomic <u>e</u>ngineering）が開発され，数日のうちに50か所ほどの変異導入を実現している[3-3]．ただし，正確な配列の書換えというよりも，変異バリエーションを生み出して選抜をかけるという利用法である．リコンビニアリングは宿主のシステムに依存するところが大きいため，宿主によって効率はかなり異なり，たとえ同じ大腸菌であってもコンピテントセル用の株の多くは RecA を欠いているため生存率が悪く，RecA の一過的導入が有効となる[3-4]．また大きな断片（< 1 kb）の挿入では大きく効率が下がるため，選抜マーカーを用いるか，さらには後述のゲノム編集技術との併用が有効となる．

3.1.2 Group II イントロンによる遺伝子ターゲティング

Group II イントロンはレトロトランスポゾンの一種で，RNA として転写されて自己スプライシングを行ったのちに自身の配列を別の DNA 領域に写し込む**リボザイム**（触媒として働く RNA）である（図 3.3）．Group II イントロンを含む領域が転写されると，切り出された投げ縄状の RNA が，配列特異的に別の DNA 領域を認識して自らを DNA 鎖に挿入（レトロスプライシング）する．それを鋳型に逆転写酵素が新たな DNA 鎖を合成し，イントロン配列が写し込まれる（**レトロ転位**）．この挿入 DNA 領域の認識配列（〜15塩基）は変更可能であり，遺伝子ターゲティングに用いることができる[3-5]．*Lactococcus lactis* Ll.LtrB intron や大腸菌の EcI5 が応用化されているが，実際のイントロン内での標的配列のデザインは複雑で制約もあるため専用のアルゴリズムが開発されている[3-6,7]．

イントロン内には抗生物質耐性遺伝子程度の大きさの断片（〜2 kb）を内包することができ，小規模の遺伝子挿入は可能であるが，断片が大きくな

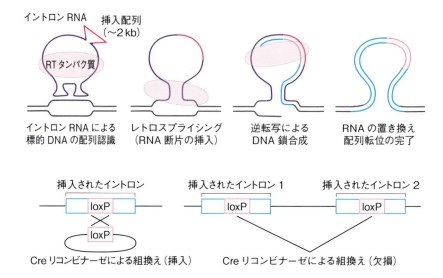

図 3.3 Group II イントロンによる遺伝子ターゲティングの模式図
　転写された Group II イントロン配列は RNA 高次構造を形成し，RT タンパク質の力を借りて自らを切り出して（スプライシング）投げ縄構造をとる．15塩基程度の相補配列によって標的となる DNA 配列を認識し，自らを DNA の鎖の間に挿入する（レトロスプライシング）．RT タンパク質が挿入された RNA 領域を鋳型に逆転写反応によって DNA を合成する．逆転写合成が完了して DNA が連結されると，もとの RNA 領域が修復機構によって DNA に置き換えられて，イントロン配列の挿入が完了する．イントロン内には配列を挿入することが可能であり，Cre-lox システムの loxP サイトを仕込んでおくことによって，イントロン挿入後に，Cre リコンビナーゼの組換え反応によって大きな断片の挿入や，欠失を起こすことが可能である．

るにつれて効率は大幅に低下する．このため，大規模なゲノム改変を行うには，**Cre-loxP** などのリコンビナーゼシステムの併用が提案されている[3-8]．すなわち，イントロン内に Cre リコンビナーゼが認識する loxP 配列を挿入しておき，イントロン挿入後に，改めてリコンビナーゼを作用させて大きな断片を挿入したり，欠失させたりすることができる．Group II イントロンはリコンビニアリングよりも宿主依存性が低いため，より広い種で安定的な効率で適用できるが，一方でイントロン配列断片がゲノム中に残ってしまうことと，真核細胞内ではあまり有効に機能しないことが課題である．

3.1.3 バクテリアにおけるゲノム編集技術の利用

バクテリアでは一般に DNA 切断面の際の**非相同末端結合**（**NHEJ**：non-homologous end-joining）の活性が弱いかまったくないため，ゲノム DNA の切断はそのまま細胞死に至る場合が多い．そのため，高等真核生物で行われている，人工 DNA 切断酵素による切断後に**挿入・欠失**（indel；インデル）を生じさせて遺伝子破壊を行うようなことができない．一方でその致死性の高さを逆手にとり，標的配列内に変異が入ったものだけを効率よく選抜することが可能である．すなわち相同組換えなどによって改変する予定のゲノム配列領域に対して人工 DNA 切断酵素の標的配列を設定し，変異導入と同時

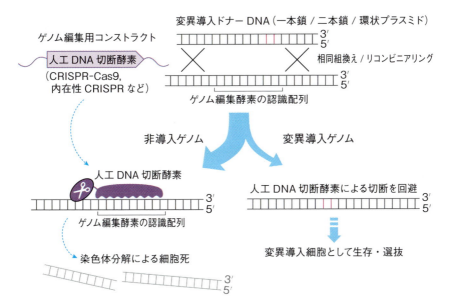

図 3.4 ゲノム編集技術による変異導入細胞のカウンターセレクションの模式図
相同組換えやリコンビニアリングによって変異導入を行い，変異導入領域の元の配列に対して人工 DNA 切断酵素を作用させると，変異が入っていない細胞は DNA を切断されて細胞死に至り，変異・挿入が入った細胞のみが効率的に選抜される．

かその直後に人工 DNA 切断酵素を発現させると，標的配列をもたない（＝改変に成功した）細胞のみが生き残るという，ある種のカウンターセレクションを行うことができる（図 3.4）．相同組換え効率の低いバクテリアの株においては先のリコンビニアリングと併せて利用することでより効率を高めることができ，短い領域の変異であれば選抜マーカーなしでも変異体を獲得することが可能である[3-9]．このようにバクテリアでの人工 DNA 切断酵素の利用は，相同組換えシステムとの併用がほぼ前提となるためコンストラクトの構成が複雑となり，より構築が簡便な CRISPR-Cas9 がもっぱら用いられている．CRISPR-Cas9 はバクテリア由来ゆえに強力に機能し，異種バクテリア間でも同じコンストラクト構成のままでも機能する場合が多いが，それゆえに sgRNA と Cas9 が共発現するベクターを大腸菌で作製する際に細胞毒性が発揮されてうまく構築できないことがある．そのような場合は発現をうまく抑制するか，sgRNA と別々のベクターで構築するなどの対策が必要となる．

3.1.4　バクテリア内在性 CRISPR の利用

　CRISPR は元々バクテリア由来の獲得免疫機構であり，多くのバクテリアは自身の内在的な CRISPR システムを保有しているので，それらを利用してゲノム編集を行うことも可能である[3-10, 11]．このような利用のためには，まずそれぞれの種のバクテリアでの CRISPR システムの crRNA の構造や PAM 配列を明らかにする必要がある．各種のバクテリアゲノム配列における CRISPR 領域を探索するウェブツールが提供されており，千を超える細菌・古細菌から検出が可能である（http://crispr.i2bc.paris-saclay.fr/）[3-12, 13]．この手法の利点は，ガイド RNA さえ発現させればあとは内在の Cas タンパク質の力を借りればよいため，導入コンストラクトがシンプルで小さくできること，また外来性のものよりも高効率な可能性があることである．この場合も，やはりそのままでは致死的であるので，組換え用のドナー DNA の挿入による配列置換と組み合わせる必要がある．

3.2 真核微生物におけるゲノム編集の利用

3.2.1 真核微生物における CRISPR-Cas9 の利用のための sgRNA プロモーターの選択

　動物や植物と比較して微生物はゲノムサイズが小さく，また安全性という観点からの障壁も低いため，ゲノム編集技術のオフターゲット作用による懸念はさほど深刻ではない．そのため今後は利便性に優れる CRISPR-Cas9 が主流になると予想される．各種の真核微生物において CRISPR-Cas9 システムを導入する際に最も重要な検討事項は，sgRNA を発現させるプロモーターの選択である．sgRNA として効率よく機能するには十分な量とともに，余計な修飾や配列が付加されていないことが重要となる．通常の mRNA を発現するタンパク質用のプロモーターは **RNA ポリメラーゼ II** によって転写されるが，これは RNA の 5′ 末端にキャップ構造と呼ばれる修飾を施すために CRISPR の sgRNA として不適とされる．そのため，修飾を施さない RNA ポリメラーゼ III によって転写される一部の ncRNA（U3，U6 など）や tRNA のプロモーターが用いられるが，種によって利用できるものとできないものが異なるようで検討が必要である．また余計な配列や修飾を除くために，**HH (hammerhead)** や **HDV (hepatitis delta virus)** などの自己切断するリボザイムにつなげて発現することも有効である．これまでに実績のある各生物種におけるコンストラクトを表 3.1 に示している．

3.2.2 糸状菌でのゲノム編集技術の利用

　コウジカビやキノコなどを含む糸状菌類は，産業応用上重要なものとともに，いもち病菌のような病原体となる種も含む真核多細胞生物であり，基礎・応用研究の両面から，遺伝子改変技術の向上が求められている．ゲノム編集技術としては，2015 年の TALEN によるゲノム編集報告[3-14]を端緒に様々な菌種での成功例が挙げられている（表 3.1）．糸状菌は他の微生物とは異なり NHEJ の活性が強いため，相同組換えによる標的遺伝子破壊の効率が低い傾向にあったが，人工 DNA 切断酵素の利用によって簡便かつ高効率に遺

第 3 章　微生物でのゲノム編集の利用と拡大技術

表 3.1 ①　各種微生物におけるゲノム編集技術の利用法

	生物種	ベクターコンストラクト (sgRNA 発現 /Cas9)	ゲノム編集方法	特記事項	文献
糸状菌	Trichoderma reesei	T7 プロモーター (in vitro) / コドン最適化 Cas9	NHEJ indel 誘導	Cas9 ゲノム導入株を使用	3-35
			相同組換え		
			多重遺伝子 (相同組換え)		
	Pyricularia oryzae (イネいもち病菌)	内生 U6 プロモーター, Pol II プロモーター / コドン最適化 Cas9	相同組換え		3-48
	Aspergillus nidulans	Pol II プロモーター + HH + HDV コドン最適化 Cas9	NHEJ indel 誘導	自立複製型プラスミド	3-36
	Aspergillus aculeatus		相同組換え	複数菌株を対象としたターゲット配列の探索ツール	
	Aspergillus niger (クロカビ)				
	Aspergillus calbonarius (黒麹菌)				
	Aspergillus brasiliensis				
	Aspergillus oryzae (麹菌)	内生 U6 プロモーター / コドン最適化 Cas9	NHEJ indel 誘導		3-37
	Aspergillus fumigatus	SNR52 promoter/ ヒトコドン Cas9	NHEJ indel 誘導		3-38
		内生 U6 プロモーター / ヒトコドン Cas9	MMEJ ノックイン・ノックアウト	相同鎖の短縮 (約 35 bp)	3-15
	Neurospora crassa (アカパンカビ)	SNR52 promoter/ ヒトコドン Cas9	相同組換え		3-39
	Ustilago maydis (トウモロコシ黒穂病菌)	内生 U6 プロモーター / コドン最適化 Cas9	NHEJ indel 誘導	自立複製型プラスミド	3-40
				発現ベクターの除去	
	Phytophtora sojae (ダイズ茎疫病菌)	Pol II プロモーター + HH + HDV / ヒトコドン最適化 Cas9	相同組換え		3-41
			NHEJ indel 誘導		
	Penicillium chrysogenum	T7 プロモーター (in vitro) /Cas9 精製タンパク質	相同組換え	NHEJ 不活性化株	3-42
		内生 U6 プロモーター, tRNA プロモーター, Pol II プロモーター / ヒトコドン Cas9	相同組換え, 広域欠失 (18 kb)	自立複製型プラスミド	
			相同組換え, マーカーフリー	相同鎖の短縮 (60 bp)	
				in vivo クローニング	
				発現ベクターの除去	
原虫	Plasmodium falciparum (熱帯熱マラリア原虫)	内生 U6 プロモーター /SpCas9	相同組換え	NHEJ および RNAi をもたない	3-18
		T7 プロモーター (in vivo) / SpCas9	相同組換え	NHEJ および RNAi をもたない	3-19
			MMEJ (NHEJ 様) indel 誘導		
	Plasmodium yoelii (ヨーエリマラリア)	内生 U6 プロモーター /SpCas9	相同組換え, ノックイン	NHEJ および RNAi をもたない	3-43
	Tripanosoma cruzi (クルーズトリパノソーマ)	T7 プロモーター (in vivo) / ヒトコドン Cas9	相同組換え	NHEJ および RNAi をもたない	3-21
			多重遺伝子 (相同組換え)	必須遺伝子改変	
			MMEJ を介した欠失誘導	発現ベクターの除去	
			マーカーフリーゲノム改変		
		rRNA プロモーターで gRNA, Cas9, マーカー同時発現 / spCas9	相同組換え	NHEJ および RNAi をもたない	3-44

表 3.1 ② 各種微生物におけるゲノム編集技術の利用法（続き）

	生物種	ベクターコンストラクト (sgRNA 発現 /Cas9)	ゲノム編集方法	特記事項	文献
原虫	*Leishmania major*（大形リーシュマニア）	内生 U6 プロモーター /SpCas9	相同組換え，ノックアウト	NHEJ および RNAi をもたない	3-22
				オフターゲット解析	
	Leishmania donovani（ドノバンリーシュマニア）	rRNA プロモーター + HH + HDV/spCas9	MMEJ ノックイン, 多重遺伝子	NHEJ および RNAi をもたない	3-20
			相同組換え	単鎖オリゴを用いた改変	
	Toxoplasma gondii（トキソプラズマ）	内生 U6 プロモーター /ヒトコドン最適化 Cas9	NHEJ indel 誘導	NHEJ 不活性化株	3-23
			MMEJ 欠失誘導	マーカーフリーゲノム改変	
			相同組換え	オリゴ DNA を用いた改変	
		内生 U6 プロモーター /SpCas9	NHEJ indel 誘導	相同鎖の短縮 (60 bp)	3-24
			NHEJ indel 誘導	相同鎖なしで標的ノックイン	
酵母	*Candida albicans*	SNR52 promoter/コドン最適化 Cas9	相同組換え	必須遺伝子改変	3-45
			NHEJ indel 誘導		
			多重遺伝子（相同組換え）		
	Yarrowia lipolytica				
	Pichia pastoris				
	Schizosaccharomyces pombe（分裂酵母）	K RNA (rrk1) プロモーター + rrk1 leader RNA + HH /ヒト最適化 Cas9	相同組換え		3-46
	Saccharomyces cerevisiae（出芽酵母）	SNR52 promoter, tRNA promoter Pol II プロモーター + HH + HDV /ヒトコドン Cas9, SpCas9	相同組換え	オリゴ DNA (90〜300 b) 使用	3-25, 3-26, 3-47
			多重遺伝子（相同組換え）	必須遺伝子改変	

伝子破壊が行えるようになった（〜 100%）．また MMEJ を利用した簡易ノックイン [3-15] や NHEJ 不活性化株と Cas9 タンパク質の利用によるマーカーフリーでの遺伝子改変，ゲノムの広域欠失（約 18 kb）誘導等，従来法では困難であった新たなゲノム改変手法が開発されつつある．一方で，NHEJ による indel 誘導では高等真核生物と比較してより広域の欠失が生じるといった報告があり [3-14, 15]，高等真核生物と比較してゲノムが不安定であることが示唆される．後述する脱アミノ化による直接点変異導入法は，真核微生物においてより有用な手法となり得る可能性がある．産業面においては，CRISPR-Cas9 を用いたゲノム編集によって保存中の褐色化を抑制したホワイトマッシュルーム（*Agaricus bisporus*）の開発に成功し，2016 年 4 月に米農務省（USDA）が遺伝子組換え生物（GMO：genetically modified organisms）の規制外とする判断を下している [3-16]．今後は，産業応用に関わる微生物だけ

でなく，キノコ（担子菌）等の食品産業に関わる微生物のゲノム編集技術の開発と利用がより一層加速することが推測される．

3.2.3 原生動物でのゲノム編集技術の利用

原生動物では病原寄生性の原虫類を中心に，主に遺伝子機能解析を目的としたゲノム編集技術の利用がすすめられている．マラリア原虫においては2012年にZFN[3-17]，2014年にCRISPR-Cas9の利用が報告され，高効率（50～100％）での標的遺伝子破壊が可能となり，短鎖オリゴDNA（25bp）を用いた改変やマーカーフリーでのゲノム編集にも成功している[3-18〜20]．**マラリア原虫**に加えて**トリパノソーマ**[3-21]，**リーシュマニア**[3-20, 22]など，NHEJ機構を保持していないものが多く，相同鎖をもつドナーDNAの同時導入によって相同組換えを誘導することが有効である．トキソプラズマにおいてはNHEJが存在するため通常の二重鎖切断ののちにindelの挿入が期待できる[3-23, 24]．また25塩基程度の短い相同配列で組換えされるマイクロホモロジー媒介末端結合（MMEJ：microhomology-mediated end-joining）の活性もあるため，ノックインや大きなゲノム領域の欠失（3.5 kb）誘導も可能となった．

3.2.4 酵母でのゲノム編集技術の利用

出芽酵母（*Saccharomyces cerevisiae*）は，パンやお酒を醸すのみならず，真核細胞のモデルとして最も研究が進んだ材料であるが，その理由として，相同組換え効率がきわめて高く，遺伝子操作が容易であることがあげられる．25～50 bpの相同領域があれば組換えを起こすことができるため，たとえば導入したい遺伝子断片の両端に標的領域の相同配列が付加されるよう，PCRプライマーをデザインすればよい．これにより，ゲノムのすべての遺伝子が1つずつ破壊されたノックアウトライブラリが作製されている．このような出芽酵母においてのゲノム編集技術は，さらに高度なゲノム操作を目的とすることになる．NHEJの活性が低いためか，人工DNA切断酵素による切断後にindelを期待する単純な遺伝子破壊効率は不安定であるが，標的配列をまたぐような相同組換え用の二重鎖DNA（90 bp）を同時に導入すれば（図

3.3 ゲノム編集・操作・合成の技術拡大

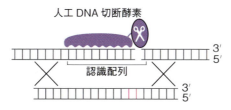

図 3.5 ゲノム編集による相同組換え誘導の模式図
ゲノム編集ヌクレアーゼが変異導入予定部位を標的として切断すると，相同修復機構によってドナー DNA の相同配列と組換えが促進されて新たな配列・変異が挿入される．

3.5)，選抜マーカーを挿入せずに（マーカーフリー）ほぼ 100％の効率で配列を入れ替えるようなことが CRISPR-Cas9 を用いて実現されている[3-25]．また CRISPR-Cas9 を用いる場合，sgRNA の転写プロモーターの選択が重要な検討事項であり，高等真核生物では U3 や U6 プロモーターが広く用いられるのに対して，酵母では SNR52 プロモーターや，tRNA プロモーターが用いられている．その他の種の酵母での利用も広がっているが，総じて sgRNA の発現様式が酵母において特に重要な検討課題となっている[3-26]（表 3.1）．

3.3 ゲノム編集・操作・合成の技術拡大

3.3.1 転写制御のためのゲノム編集技術

ゲノム編集技術の応用発展形として，DNA 配列は改変せずに遺伝子発現を制御して生命機能を操作することも可能である．TAL effector や ZF タンパク質は本来的には転写因子であるので，むしろ従来の機能どおりに標的結合部位における転写の抑制や活性化が行えるが，特に CRISPR-Cas9 からヌクレアーゼ活性を除いた **dCas9** と sgRNA の組合せ（**CRISPRi**）は，標的ゲノム配列を改変せずに多数の遺伝子発現を同時に抑制することができる[3-27, 28]．特に必須遺伝子であっても一時的な機能停止や機能弱化といった

ことが可能であるので，これまでの遺伝子改変操作では難しかった**機能解析や物質生産**を実現することができるようになると期待される．また dCas9 に転写活性化ドメインを結合させることで，転写を促進することも可能であるが，抑制する場合に比べて結果の予測が難しい面がある[3-29]．

3.3.2 非ヌクレアーゼ型のゲノム編集技術

一般的なゲノム編集技術は，ヌクレアーゼ活性による DNA 切断を前提としているが，これに代わるゲノム編集技術として，塩基変換反応による点変異導入が可能である．DNA 塩基の脱アミノ化反応を触媒する**デアミナーゼ**は，DNA 上のシトシンをウラシルに変換し，ウラシルがチミンとして認識されることによって最終的に点変異（C to T）を導入することができる．このようなデアミナーゼ活性部位を，CRISPR-Cas9 のヌクレアーゼ活性を除いた dCas9 に付加することによって，3〜5 塩基の範囲内に点変異を直接導入することが可能である[3-30, 31]．またヌクレアーゼ活性の毒性を回避することができるため，これまで適用が困難であった様々な微生物においても高度な遺伝子操作手法を提供することができる．またこのようにヌクレアーゼに代わるエフェクター部位として様々な機能ドメインを用いることで，上記の転写制御や，**エピゲノム操作**などゲノム編集技術の応用可能性はさらに広がってきている（図 3.6）．

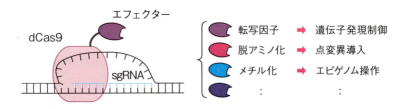

図 3.6　ヌクレアーゼに代わるゲノム編集技術の発展
ヌクレアーゼ活性を除かれた CRISPR-dCas9 のシステムに，様々な機能ドメイン（エフェクター）を付加することによって，より高度にゲノム機能を操作・改変することが可能になる．

3.3.3　ゲノムスケール長鎖 DNA の構築

一部のバクテリアは，積極的に外からの DNA を取り込む性質（Natural Competence）をもつものがある（例 *Streptococcus pneumoniae*, *Vibrio cholerae*, *Bacillus subtilis*）[3-32]．そのなかで枯草菌 *Bacillus subtilis* は取り扱いが容易であり，長大な DNA 鎖を取り込み安定的に保持できることから，長鎖 DNA 構築用宿主としての利用開発がすすめられている（板谷・柘植，2013）．長鎖 DNA の構築宿主としてはほかに出芽酵母があり，その相同組換え効率の高さを利用してゲノムスケールの DNA をつなぎ合わせて保持させることが出来[3-33]，酵母内で全合成されたゲノム（1.08 Mb）でマイコプラズマの既存ゲノムを置き換えることに成功している[3-34]．このようなゲノムスケールの長鎖 DNA の構築改変においては，今後はゲノム編集技術との組み合わせによってさらに高度化されるようになるものと期待される．

3 章 参考書

板谷光泰・柘植謙爾（2013）生物工学，**91**(6)，319-321．

3 章 引用文献

3-1) Ellis, H. M. *et al.* (2001) Proc. Natl. Acad. Sci. USA, **98**: 6742-6746.

3-2) Costantino, N., Court, D. L. (2003) Proc. Natl. Acad. Sci. USA, **100**: 15748-15753.

3-3) Wang, H. H. *et al.* (2009) Nature, **460**: 894-898.

3-4) Wang, J. *et al.* (2006) Mol. Biotechnol., **32**: 43-53.

3-5) Guo, H. *et al.* (2000) Science, **289**: 452-457.

3-6) Perutka, J. *et al.* (2004) J. Mol. Biol., **336**: 421-439.

3-7) Zhuang, F. *et al.* (2009) RNA, **15**: 432-449.

3-8) Enyeart, P. J. *et al.* (2013) Mol. Syst. Biol., **9**: 685.

3-9) Jiang, W. *et al.* (2013) Nat. Biotechnol., **31**: 233-239.

3-10) Li, Y. *et al.* (2016) Nucleic Acids Res., **44**: e34.

3-11) Pyne, M. E. *et al.* (2016) Sci. Rep., **6**: 25666.

3-12) Grissa, I. *et al.* (2007) Nucleic Acids Res., **35**: W52-W57.

3-13) Grissa, I. *et al.* (2007) BMC Bioinformatics, **8**: 172.

3-14) Arazoe, T. *et al.* (2015) Biotechnol. Bioeng., **112**: 1335-1342.

3-15) Zhang, C. *et al.* (2016) Fungal Genet. Biol., **86**: 47-57.

3-16) Waltz, E. *et al.* (2016) Nature, **532**: 293. doi:10.1038/nature.2016.19754

3-17) Straimer, J. *et al.* (2012) Nat. Methods, **9**: 993-998.

3-18) Ghorbal, M. *et al.* (2014) Nat. Biotechnol., **32**: 819-821.

3-19) Wagner, J. C. *et al.* (2014) Nat. Methods, **11**: 915-918.

3-20) Zhang, W. W., Matlashewski, G. (2015) mBio, **6**: 1-14.

3-21) Peng, D. *et al.* (2015) mBio, **6**: 1-11.

3-22) Sollelis, L. *et al.* (2015) Cell. Microbiol., **17**: 1405-1412.

3-23) Sidik, S. M. *et al.* (2014) PLoS One, **9**: e100450.

3-24) Brown, K. M. *et al.* (2014) MBio, **5**: 1-11.

3-25) Dicarlo, J. E. *et al.* (2013) Nucleic Acids Res., **41**: 4336-4343.

3-26) Ryan, O. W., Cate, J. H. D. (2014) Methods Enzymol., **546**: 473-489.

3-27) Gilbert, L. A. *et al.* (2013) Cell, **154**: 442-451.

3-28) Qi, L. S. *et al.* (2013) Cell, **152**: 1173-1183.

3-29) Chavez, A. *et al.* (2016) Nat. Methods, **13**: 563-567.

3-30) Komor, A. C. *et al.* (2016) Nature, **533**: 420-424.

3-31) Nishida, K. *et al.* (2016) Science, **353**: 6305.

3-32) Fontaine, L. *et al.* (2015) Infect. Genet. Evol., **33**: 343-360.

3-33) Gibson, D. G. *et al.* (2008) Science, **319**: 1215-1220.

3-34) Gibson, D. G. *et al.* (2010) Science, **329**: 52-56.

3-35) Liu, R. *et al.* (2015) Cell Discov., **1**: 15007.

3-36) Nødvig, C. S. *et al.* (2015) PLoS One, **10**: 1-18.

3-37) Katayama, T. *et al.* (2016) Biotechnol. Lett., **38**: 637-642.

3-38) Fuller, K. K. *et al.* (2015) Eukaryot. Cell, **14**: 1073-1080.

3-39) Matsu-ura, T. (2015) Fungal Biol. Biotechnol., **2**: 4.

3-40) Schuster, M. *et al.* (2016) Fungal Genet. Biol., **89**: 3-9.

3-41) Fang, Y., Tyler, B. M. (2016) Mol. Plant Pathol., **17**: 127-139.

3-42) Pohl, C. *et al.* (2016) ACS Synth. Biol., acssynbio.6b00082. doi:10.1021/acssynbio.6b00082

3-43) Zhang, C. *et al.* (2014) mBio, **5**: 1-9.

3-44) Lander, N. *et al.* (2015) mBio, **6**: 1-12.

3-45) Vyas, V. K. *et al.* (2015) Sci. Adv., **1**: e1500248.

3-46) Jacobs, J. Z. *et al.* (2014) Nat. Commun., **5**: 5344.

3-47) Jakočiūnas, T. *et al.* (2015) Metab. Eng., **34**: 44-59.

3-48) Arazoe, T. *et al.* (2015) Biotechnol. Bioeng., **112**: 2543-2549.

第4章　昆虫でのゲノム編集の利用

丹羽隆介

> 昆虫は，遺伝学の勃興と隆盛において，最も古くから活躍をしてきた生物である．本章では，人為的なゲノム改変や遺伝子の機能解析を目指すために，1970年代以降に特にショウジョウバエがパイオニアとなって開発された主要な手法を振り返ると共に，最近のゲノム編集技術が昆虫研究にも与えている大きなインパクトについて俯瞰したい．

4.1　はじめに

　昆虫は現在の地球上において，その種数においてもそのバイオマスにおいても最も繁栄している生物である．当然のことながら，昆虫と人類との関わりにも多様なものがあり，農業や物質生産において欠かすことのできない役割を担う昆虫がいる一方で，作物生産に大きなダメージを与えたり，あるいは疫病の伝播能力ゆえに人類を苦しめ続ける昆虫もいる．こうした昆虫と人類との共存関係をより良好なものとしていくためにも，昆虫のライフサイクルを遺伝子レベル・ゲノムレベルで深く理解することは不可欠である．よって，他の生物を用いた研究と同様に，昆虫においても遺伝学の手法は欠かすことのできない重要なアプローチである．

　そもそも，昆虫は，遺伝学の勃興と隆盛において，最も古くから活躍をしてきた生物である．動物においてもメンデルの法則が成立することが最初に証明されたのは，20世紀初頭の外山亀太郎のカイコガを用いた研究によるものだった[4-1]．また，配偶子形成における染色体の挙動がメンデルの法則に従うことを示したサットン（Walter Sutton）の研究はバッタを用いたものであった．さらに，遺伝子が染色体上に存在することを主張する「染色体説」を精緻に実証したモーガン（Thomas Hunt Morgan）の研究，あるいは放射線照射が人為的な突然変異を誘発することを証明することで遺伝子やゲノ

ムに変異を導入する安定的手法の1つを提示したマラー（Hermann Joseph Muller）の研究は，ショウジョウバエによるものであった[4-2]．ショウジョウバエ，特に**キイロショウジョウバエ** *Drosophila melanogaster* が現代生物学において最も優れた分子遺伝学のモデル動物の1つであることは，多くの人が認めるところであろう．

昆虫の遺伝学のこれまでの発展を支えたのは，自然発生的にせよ人為的にせよ，偶然に得られた多型や突然変異を用いるいわゆる「順遺伝学」の手法であった．一方，遺伝子クローニング技術の発達と膨大なゲノム情報の蓄積に伴い，特定の遺伝子だけを狙い撃ちして機能解析する「逆遺伝学」は昆虫においても大いに渇望されてきた．そして，長い遺伝学の歴史を持つ昆虫であればこそ，遺伝子やゲノムを変化させる逆遺伝学的技術の開発にこれまでに多くの先達が取り組み，様々な手法が提案されてきた．

本章では，昆虫で開発されてきたこれまでの遺伝子改変法と機能解析法を振り返るとともに，最近のゲノム編集技術が昆虫研究にも与えている大きなインパクトについて俯瞰したい．

4.2　昆虫逆遺伝学的技術の第1世代：トランスポゾン利用技術

トランスポゾンとは，ゲノム上の位置を転移することができる塩基配列のことである．トランスポゾンは，ゲノム上の様々な位置に挿入することが可能であり，その挿入によってゲノムの配列を変化させるために突然変異を誘発する能力をもつ．また，トランスポゾンの研究によって，トランスポゾンの転移には「**トランスポザーゼ**」とよばれる酵素の働きが必要であることがわかっている．よって，トランスポザーゼの働きによってトランスポゾンをゲノム中に適切に挿入させ，その周囲のゲノム配列を変化させる「**挿入変異**」とよばれる突然変異を得ることが理論的に可能である（図4.1）．重要なことは，トランスポゾンの塩基配列がすでにわかっているので，その配列を「目印」として用いることが可能なことである．すなわち，自然突然変異や放射線照射，あるいは化学変異原によって得られた突然変異の場合，その変異を特定するには交配に長い時間をかけて染色体マッピングを行わなけれ

第 4 章　昆虫でのゲノム編集の利用

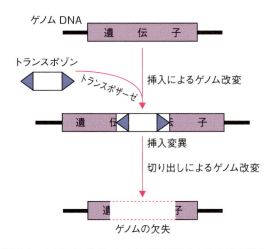

図 4.1　トランスポゾンによる挿入変異と欠失変異の導入

ばならないが，トランスポゾンを用いれば塩基配列に基づく分子生物学的手法によって迅速に変異位置を特定することが可能となる．

　トランスポゾンの挿入変異の手法は，1982 年にルビン（Gerald Rubin）とスプラドリング（Allan Spradling）によってショウジョウバエで初めて開発された[4-3]．ショウジョウバエには「P 因子」とよばれるトランスポゾンが存在する．ショウジョウバエには P 因子をまったくもたない系統が確立されていたことから，この中に P 因子および P 因子トランスポザーゼを人為的に導入することによって，P 因子のみを原因とする突然変異を収集することが可能となった．また，本来の P 因子の塩基配列を巧みに操作することによって，再びトランスポザーゼに晒されない限り，一度入った P 因子は基本的にゲノムから移動することがない状態を作り出すこともできた．これにより，P 因子挿入による突然変異はきわめて安定的に継代でき，重要な変異リソースとして大いに活用されるに至った．また，P 因子は変異の目的だけではなく，P 因子上に様々な遺伝子をもたせることによって外来遺伝子をショウジョウバエに導入し，トランスジェニック系統を樹立する際にもきわめて有用である．

　ゲノム編集の観点から，P 因子についてはもう 1 つ重要な性質がある．そ

れは，一度挿入されたP因子をトランスポザーゼによってもう一度飛ばすことによって，挿入位置の近くに新しい変異を導入できることである．これは，トランスポザーゼによってP因子がゲノムから切り取られる際に，ある確率で挿入位置周辺のゲノム配列を削り取ることがある現象を利用したものである（図4.1）．この手法によって，ゲノムに欠失をもつ変異を作り出すことが可能となり，この欠失が遺伝子産物の機能領域（タンパク質をコードする領域など）である場合にはその遺伝子の機能が完全に失われた「ヌル（null）変異体」を得ることができる[4-4]．

　残念ながら，P因子を用いた挿入変異は，一部のショウジョウバエでのみ適切に作用することがわかり，P因子が他の生物に直接応用されることはなかった．しかし，トランスポゾンを用いて挿入変異を得るという着想自体は，生物種を問わず遺伝学全体へと広がりを見せた．P因子以外にも様々な種類のトランスポゾンが報告された中で，1983年にサマーズ（Max D. Summers）らによって報告された*PiggyBac*は，ショウジョウバエ以外の昆虫はもちろんのこと，昆虫以外にも多くの生物に用いることができるトランスポゾンとして重宝されている[4-5]．*PiggyBac*は，P因子に比べて，挿入部位周辺のゲノムの塩基配列を比較的選り好みしない性質をもつことから，ゲノム全体に一様に変異を導入する点で有用である．

　トランスポゾンを用いた遺伝学的アプローチは，ゲノムワイドな変異系統の作出を可能とし，着目する遺伝子の変異系統を迅速に入手できる道を最初に拓いた手法として画期的であった．ただし，いかなるトランスポゾンを使う場合においても，基本的には変異はランダムにしか入れることができない．よって，着目する遺伝子の中あるいは近傍にうまくトランスポゾンが挿入された系統が得られれば良いが，そのような好適なトランスポゾン挿入系統が見つからない場合ももちろんあり，昆虫における逆遺伝学を自在に行うには限界がある．

4.3　昆虫逆遺伝学的技術の第2世代：RNA干渉法

　1998年，ファイヤー（Andrew Fire）とメロー（Craig Mello）らによる

線虫 *Caenorhabditis elegans* の研究から発見された **RNA 干渉**（RNAi：RNA interference）[4-6] の報告が全世界に衝撃を与えた．RNAi とは，任意の遺伝子の塩基配列に対応する二本鎖 RNA を個体に導入するだけで，配列に対応する内在性 RNA のすみやかな分解を引き起こし，結果的に特異的な遺伝子の機能が抑制される現象である．この性質を用いた遺伝子ノックアウト法は RNAi 法と呼ばれる．RNAi 法は，標的とする遺伝子産物の塩基配列さえわかれば，ゲノム情報をもたない生物種においても遺伝子の機能解析の可能性を開く．

ファイヤーとメローらの報告の直後から，RNAi 法の有効性があらゆる生物群で検討された．昆虫では，キイロショウジョウバエを用いてその有効性が確かめられたのを皮切りに[4-7, 8]，多くの昆虫においてその効果が確認された．昆虫に用いられた最初の RNAi 法は embryonic RNAi とよばれており，核が細胞膜によって仕切られる以前の多核性胞胚期の初期胚に二本鎖 RNA をインジェクションすることにより行われている．一方，受精卵に供給される母性因子の mRNA をノックダウンしたい場合には，母親に二本鎖 RNA をインジェクションしてその子孫の表現型を観察する parental RNAi 法が用いられる．また，発生過程のより遅いステージから RNAi を適用するため，幼虫や幼生に二本鎖 RNA をインジェクションする larval RNAi 法や nyphal RNAi 法といった手法も，コウチュウ目（コクヌストモドキ，テントウムシ，カブトムシ），バッタ目（コオロギ），カメムシ目（カメムシ，ウンカ）などで広く用いられている．なお，昆虫の larval RNAi 法の開発にあたっては，米国マイアミ大学の友安慶典や基礎生物学研究所の新美輝幸などの日本人研究者が先駆的な貢献をされたことを付記しておきたい[4-9, 10]．さらに最近では，甲虫であるコロラドハムシなどでは，二本鎖 RNA を摂食させるだけで RNAi を誘導させることが可能との報告もあり，二本鎖 RNA の農薬としての利用の可能性にも関心が高まっている[4-11]．

キイロショウジョウバエにおいては，特定のプロモーターの支配下でヘアピン型 RNA を発現させることで RNAi を誘導するトランスジェニック RNAi 法が広く用いられている[4-12]．その際，ヘアピン型 RNA を発現させるプロ

モーターをうまく選択することで，組織特異的あるいは時期特異的にRNAiを誘導させることができる．現在，日本の国立遺伝学研究所[*4-1]，オーストリアのウィーンショウジョウバエ資源センター（Vienna Drosophila Resource Center[*4-2]），そして米国のハーバード大学のトランスジェニックRNAiプロジェクト（TRiP[*4-3]）といったリソースセンターが，ゲノム上で予測された多くの遺伝子に対するトランスジェニック用RNAi系統を有償で提供している．これらの系統のコレクションを用いることにより，ゲノムワイドに網羅された予測遺伝子に対する大規模な逆遺伝学的スクリーニングが可能となり，多様な生命現象に関わる新しい遺伝子の発掘に大きな貢献を果たしている[4-13]．

このように，昆虫の遺伝子機能解析において，RNAi法は現在でも欠かすことができない重要な研究手法である．しかし，残念ながらRNAi法にも様々な問題点が存在する[4-14]．まず，本来ノックダウンをしたい遺伝子とは別に，配列相同性の高い別の遺伝子もノックダウンされてしまう**オフターゲット作用**がしばしば問題となる．また，RNAiによって引き起こされるのはあくまで「ノックダウン（完全には失われていない）」の状態であって，興味のある遺伝子の機能を完全に「ノックアウト」することは事実上困難という限界がある．さらに，カイコガなどのチョウ目昆虫の多くにおいては，しばしばRNAiの効果を得ることが非常に困難な場合がある[4-15]．すなわち，遺伝子の機能低下の特異性と効率，そしてその技術の適用できる生物種の範囲という観点において，RNAi法にも短所がある．

4.4　昆虫逆遺伝学的技術の第3世代：相同組換えによるノックアウト法

個体のゲノムから遺伝子の機能を完全に欠損させたい，すなわち遺伝子ノックアウト個体を作出したいと考えた場合，マウスにおいては**相同組換え**

＊4-1　http://shigen.nig.ac.jp/fly/nigfly/

＊4-2　http://stockcenter.vdrc.at/control/main

＊4-3　http://www.flyrnai.org/TRiP-HOME.html

による方法が広く用いられている．一方，昆虫においても相同組換えの方法が模索されてはきたが，長らく成功してこなかった．最大の理由は，相同組換えを起こした染色体をもつ個体を選び出す方法がなかったことによる．マウスの場合は，まずは胚性幹細胞に相同組換えを生じさせるための特定の遺伝子カセットを外来から導入したのちに，抗生物質に対する耐性遺伝子を巧みに用いることによって，ごく低頻度で生じる相同組換えを起こした染色体をもつ細胞を生存によって選別し，それを個体に戻してキメラマウスとして樹立する方法が確立されている．一方で昆虫の場合は，マウスの胚性幹細胞のような全能性細胞は樹立されていないため，100万匹に1匹しか生じないという試算のある効率[4-16]の中で，組換え体を積極的に選び出す方法が長らく考案されてこなかった．

　そのような中，2000年にゴリック（Kent Golic）らによってようやく，ショウジョウバエで安定的に相同組換えを誘発してノックアウト個体を得るための革新的な方法論が提案された[4-17]．ゴリックらは，ショウジョウバエで開発されていた分子遺伝学テクニックを幾重にも駆使することで，生殖細胞系列に相同組換えを生じさせるための線形DNAを安定的に供給させ，ノックアウト個体を現実的な作業規模で得ることを実現させる手法を考案した．抗生物質耐性遺伝子を組み込んだ専用ベクターも作製され，ハエを飼育する餌に抗生物質を入れて飼育することでノックアウト個体選別の効率化を図ることにも成功した．詳細についてはゴリックらによる総説論文を参照していただきたい[4-18]．

　ゴリックらによる方法は，TALENやCRISPR-Cas9の登場以前においては，キイロショウジョウバエにおけるほぼ唯一の遺伝子ノックアウト法であった．しかし，遺伝子やゲノム領域ごとにノックアウト効率が大きく異なることが経験的に知られており，筆者らのグループでも数年間かけてゴリックらの方法を用いたにも関わらず，まったく組換え体を樹立できずに涙したことが複数回あった．そして何より，ゴリックらの方法は高度なトランスジェニック技術を用いることが前提となっており，キイロショウジョウバエ以外の昆虫に対して適用することは困難である．よって，昆虫一般へと発展できるノッ

クアウト技術の開発には，従来とは異なるアプローチが必要なのは明らかであった．

4.5　昆虫逆遺伝学的技術の第 4 世代：ZFN，TALEN，そして CRISPR-Cas9 の登場

以上の状況ゆえ，ゲノム上の狙った場所に高効率に変異を導入することが可能なゲノム編集技術の登場は，他の生物を用いた研究と同様，昆虫研究においても大きな衝撃を与えることになる．昆虫におけるゲノム編集技術の適用は，2002 年にキャロル（Dana Carroll）らが ZFN を用いてキイロショウジョウバエの *yellow* 遺伝子に変異を導入したのが第 1 例と思われる [4-19]．ただ，この際の変異導入効率が良くなかったことや，ZFN のコンストラクションの難しさゆえか，この第 1 例がただちに昆虫研究者の間での流行につながりはしなかったようである．昆虫におけるゲノム編集が大きく注目を浴びるようになったのは，2012 年の中国の焦仁杰（Renjie Jiao）による TALEN の成功[4-20]，そして 2013 年に複数の研究グループより立て続けに報告された CRISPR-Cas9 の成功であろう[4-21～23]．特に，狙った位置を切断するための sgRNA 発現コンストラクトの構築においてきわめて容易な CRISPR-Cas9 の隆盛は驚くべきものがあり，最初の事例報告が 2013 年であったとは思えないほど，2016 年現在キイロショウジョウバエを扱う研究室であれば普通に用いられる手法になりつつある．個人的な感想としては，気づいた時にはすでに普通の技術としてそこにあった，というくらいの圧巻のスピードで研究分野に広まった．

現在までに，キイロショウジョウバエ以外にも，ハエ目昆虫（ネッタイシマカ，ハマダラカ），チョウ目昆虫（カイコガ，ナミアゲハ，オオカバマダラ），コウチュウ目昆虫（コクヌストモドキ），そしてバッタ目昆虫（コオロギ）でゲノム編集による遺伝子改変の成功例がある[4-24]．それぞれの詳細な事例については，最近出版された総説論文[4-24]によくまとまっているので，参照いただきたい．

基本的に，どの生物においても TALEN と CRISPR-Cas9 のいずれもが機

能するようである．例えば，徳島大学の野地澄晴と三戸太郎，渡辺崇人らは，コオロギにおいて TALEN と CRISPR-Cas9 をいずれも高い効率で適用することに成功しており[4-25, 26]，これらの技術を用いたノックアウトコオロギ作製を行うベンチャー企業を立ち上げている[*4-4]．一方，昆虫種によっては TALEN と CRISPR-Cas9 の適用手法の開発の進み具合に差がある．キイロショウジョウバエの場合，TALEN よりもはるかにコンストラクト構築の容易な CRISPR-Cas9 が現在ほぼ寡占状態にある．一方，カイコガにおいては，変異導入効率の高さとオフターゲットの少なさから，TALEN がより好んで使われている傾向にある．この背景には，カイコガにおける TALEN 適用の技術基盤の整備に注力している京都大学の大門高明，および農業生物資源研究所の高須陽子や瀬筒秀樹らの貢献が大きい[4-27]．大門自身は，開発した手法によって昆虫ホルモンの1つである幼若ホルモンの生合成経路の解明で大きな成果を上げている[4-28]．また，別の昆虫ホルモンであるエクジステロイドの生合成経路の研究に従事している筆者らは，大門らとの共同研究により，その生合成経路の酵素の遺伝子改変カイコガを世界に先駆けて作出することに成功している[4-29]．

当然のことながら，TALEN にせよ CRISPR-Cas9 にせよ，ゲノム編集に必要な mRNA やタンパク質を何らかの方法で個体に導入する必要がある．現在のところ，昆虫の適用例の多くの場合では，必要な材料を受精卵にインジェクションすることによって導入している．この場合，TALEN や Cas9，あるいは sgRNA をコードするプラスミド DNA，それらをコードする RNA，あるいは Cas9 であればタンパク質そのものをインジェクションするなど，様々な手法が報告されている[4-24, 30]．

キイロショウジョウバエの CRISRP-Cas9 法に関しては，国立遺伝学研究所の近藤周らによって，トランスジェニック技術を駆使した優れた手法が開発されている[4-31]．この手法ではまず，母性遺伝子のプロモーターの下流で *Cas9* および *sgRNA* を発現させるトランスジェニック系統をそれぞれ事前

[*4-4] http://aproscience.com/item/350/

4.5 昆虫逆遺伝学的技術の第4世代：ZFN，TALEN，そしてCRISPR-Cas9の登場

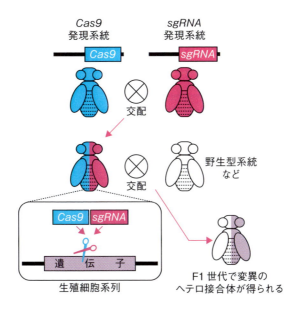

図4.2 近藤らによるトランスジェニック技術を用いたCRISPR-Cas9法
*Cas9*遺伝子と*sgRNA*は，母性因子として供給されるように母性遺伝子由来のプロモーターで発現できる工夫がされている．（引用文献4-31）

に樹立する（図4.2）．そして，必要に応じてこの2者を交配させると，その子孫の卵にはCas9とsgRNAが安定的に供給されるので，きわめて高効率に初期胚からゲノム編集が可能となる．この手法を用いれば，インジェクションによる胚へのストレスがない状態で表現型を観察することができ，またインジェクションの技術的熟練が要求されることもない．高度なインジェクション技術をもたない筆者の研究室においても，近藤の手法は高効率かつ安定的であり[4-32]，少なくともキイロショウジョウバエを扱う研究室では導入必須の技術と躊躇なく言える．

近藤の開発したトランスジェニックCRISPR-Cas9法をさらに応用すると，個体の中で組織特異的にゲノム編集を起こすという「**コンディショナルノックアウト**」も可能となる．すなわち，sgRNAは全身で発現する状態において，*Cas9*遺伝子については組織特異的なプロモーターの下流で発現するように

第4章 昆虫でのゲノム編集の利用

操作すれば，そのプロモーターの活性がある細胞／組織だけで遺伝子をノックアウトすることができる[4-33]．プロモーターによって細胞／組織特異的に遺伝子機能低下を誘導する方法としては，キイロショウジョウバエではすでにトランスジェニックRNAi法が存在するものの，RNAiの限界ゆえにあくまで部分的な「ノックダウン」しか起こすことはできない．これに対して，CRISPR-Cas9による高効率のゲノム切断を用いれば，完全な遺伝子機能欠失，すなわち「ノックアウト」を組織特異的に実現させることが可能となる．

また，ゲノム編集技術を用いることで，狙ったゲノム部位に変異を導入するだけではなく，当該箇所に外来遺伝子を**ノックイン**する方法も成功例が多く報告されつつある（図4.3）[4-24]．これによって，標的遺伝子に対して研究に便利なタグ配列を付加して，タグを目印として内在のmRNAやタンパク質の挙動を追うことも可能となる．こうした技術を自在に操ることはほんの5年前までは本当に夢物語であったが，今や多くの研究室で普通に用いられる一般的実験操作になってきている．ゲノム編集技術の進捗の速さには，ただただ驚愕である．

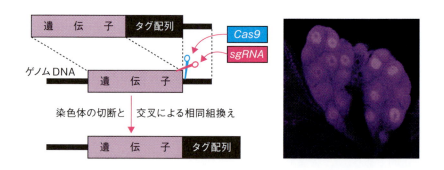

図4.3 CRISPR-Cas9法を援用した相同組換えによるタグ配列の挿入
写真は，ショウジョウバエのある転写因子のカルボキシル末端にヘマグルチニン（HA）とよばれるタグ配列を付加した系統の細胞を，抗HA抗体と蛍光2次抗体（マゼンタ）で免疫組織化学法によって染色したもの．転写因子の機能予測に一致して，核が染色されている．系統の樹立は熊本大学・発生医学研究所の中村 輝博士のご厚意に，写真提供は筆者の研究室の上山拓己氏（大学院生）の厚意による．

4.6 今後の展望：害虫管理における昆虫ゲノム編集技術のインパクト

前節までで明らかなように，ゲノム編集技術は，昆虫の遺伝学における大きな弱点であった逆遺伝学解析に道を開くものであり，昆虫の基礎科学においてもはや欠かすことのできない研究アプローチである．

一方，昆虫ゲノム編集技術がもつ今後の重要な展望として，害虫管理といった社会的問題への適用がある．すなわち，ゲノム編集技術を用いて農業害虫や衛生害虫の特徴を改変するような遺伝子操作を加えることで，害虫が引き起こす様々な問題を解消できないか，という意識である．これは机上では語られることの多い議論ではあるのだが，実際のところ難しいというのが一般見解である．というのも，研究室でゲノム編集個体を作り出したとしてもその個体数はたかが知れており，それを野外に放ったところでゲノム編集個体が野外個体を凌駕することなど普通はありえないからである．

ところが，2015年，ガンツ（Valentino M. Gantz）とビーア（Ethan Bier）は，ゲノム編集技術の手法を巧みに組み合わせることによって，特定のゲノム配列をもつ染色体を集団中に優勢的に拡散させる「**遺伝子ドライブ**」を容易に引き起こせるという衝撃的な可能性を提示した[4-34]．まず，ゲノム中のある特定の位置で相同組換えを起こすためのDNA断片を得る．次に，その

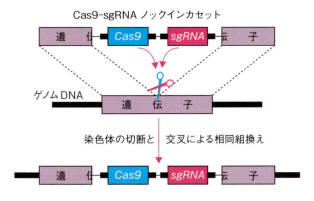

図4.4　MCR（変異連鎖反応）による「遺伝子ドライブ」を実現するコンストラクトと相同組換え

DNA断片の内部に，*Cas9* 遺伝子，および同じゲノム位置を切断するための *sgRNA* を配置させたコンストラクトを作製する（図4.4）．本章では便宜上，このコンストラクトを「*Cas9-sgRNA* ノックインカセット」とよぶことにする．*Cas9-sgRNA* ノックインカセットを昆虫個体に導入すると，sgRNAの切断箇所で *Cas9-sgRNA* ノックインカセットが相同組換えを起こし，当該のゲノム位置に *Cas9-sgRNA* ノックインカセットが挿入された染色体を作り出すことができる（図4.5）．この相同組換えは，二倍体生物のまず片側の姉妹染色

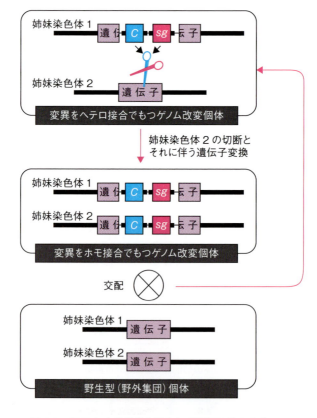

図4.5　MCRによる世代を超えた「遺伝子ドライブ」
「*C*」はCas9発現コンストラクト，「*sg*」はsgRNA発現コンストラクトを表す．

4.6 今後の展望：害虫管理における昆虫ゲノム編集技術のインパクト

体だけで生じるだろうが，導入された sgRNA が容易に対立側の姉妹染色体も切断するので，Cas9-sgRNA ノックインカセットはすぐにホモ接合状態になる（図 4.5）．さて，Cas9-sgRNA ノックインカセットをホモ接合状態でもつ個体が野外に放たれると，何のトランスジーンももたない野生種と交配するだろう．交配した子孫においては，野生種由来の野生型染色体と，Cas9-sgRNA ノックインをもつ染色体とがヘテロ状態となる．しかし，sgRNA は野生型染色体を切断したのち，遺伝子変換によって野生型染色体にも Cas9-sgRNA ノックインカセットを挿入する．つまり，Cas9-sgRNA ノックインカセットをもつ個体と野生型とが交配するだけで，その子孫はすべて Cas9-sgRNA ノックインカセットをホモ接合でもつ個体となる（図 4.5，図 4.6）．重要なことは，この交配によって生じる子孫の遺伝子型の比率を考えると，Cas9-sgRNA ノックインカセットをホモ接合でもつ個体の個体数が野生型の個体数を凌駕していくことである（図 4.6）．よって，この交配が何世代も

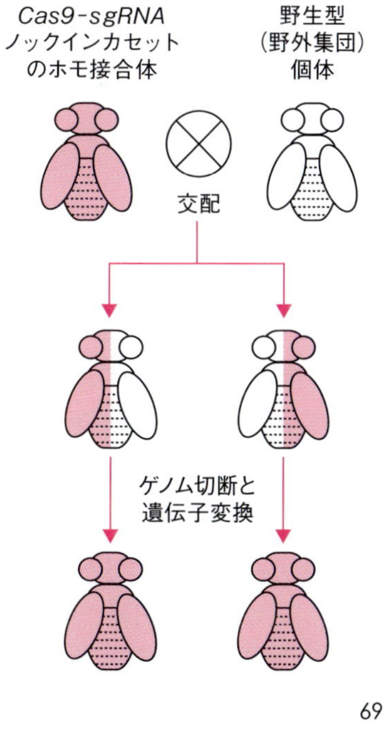

図 4.6 MCR による「遺伝子ドライブ」の遺伝様式
ピンク色と白色が半分ずつに塗られた個体は，Cas9-sgRNA ノックインカセットをもつヘテロ接合体を表す．CRISPR-Cas9 によるゲノム切断と交叉による遺伝子変換の効率が十分高ければ，このヘテロ接合体は半ば自動的に Cas9-sgRNA ノックインカセットのホモ接合体へと遺伝子型を変化させる．

続くのであれば，野生型集団は，すべて *Cas9-sgRNA* ノックインカセットをもつ集団へと置き換えられていくことになる．．．．ガンツとビーアが「**変異連鎖反応（MCR：mutagenic chain reaction）**」と名づけたこの概念は，まずはキイロショウジョウバエにおいて実証され[4-34]，さらにはマラリア媒介虫であるハマダラカにおいても同様の事象が生じることも実証された[4-35]．

今や人類は，害虫がもつ人間にとって望ましくない性質をコードする遺伝子をゲノムレベルで改変し，かつそのゲノム近傍を切断するような *Cas9-sgRNA* ノックインカセットをうまく野外集団に導入することで，野外の生物集団の染色体をゲノム改変型に置き換えてしまう技術を手にしたのかもしれない．MCRに基づくこうした手法は，害虫駆除を目指す農業研究者や農業従事者にとってはまさに夢のような技術である．

しかし，この技術の安易な利用は，自然集団における遺伝資源の多様性確保と維持の面で大きな問題を生じる可能性がある．この問題はもちろん昆虫に限らず，すべての生物の遺伝資源確保の点で問題となることであるが，世代時間が短い上に移動能力の高い昆虫では特に顕著な問題となると思われる．将来的に，ゲノム編集技術の利用ガイドラインは，従来の遺伝子組換え生物の取り扱いのガイドランとはまた別の側面から，何らかの規制を敷く必要が出てくるかもしれず，今後の世界の動勢に十分注意しておく必要がある[4-36, 37]．

4.7　おわりに

今後，ゲノム編集技術は，キイロショウジョウバエやカイコガに代表されるモデル昆虫のみならず，様々な非モデル昆虫へと応用の場を広げていくことだろう．より汎用性の高いゲノム編集の実現のためには，高効率で特異性の高いゲノム切断効率を実現できるTALENやCRISPR-Cas9のさらなる技術的進歩が必要なのはもちろんだが，昆虫の研究における律速段階は，実は発現コンストラクトの導入手法や遺伝子発現方法の開発にあるかもしれない[4-30]．一般に昆虫は，卵が非常に硬い卵殻で覆われており，この卵殻を越えていかにしてDNA，RNAあるいはタンパク質を導入するかは大きな問

題である．ショウジョウバエのように卵殻を取り除く手法，あるいはカイコガのように卵殻に穴を開ける手法が確立されている昆虫であれば問題はないが，多くの非モデル昆虫では，卵殻を破壊したのちに受精卵の発生を実現させる手法すら難しいのが現状である．また，仮にうまくゲノム編集に必要な材料を受精卵に導入できたとしても，TALEN や Cas9，あるいは sgRNA が受精卵で安定的に発現するためには，各種昆虫における遺伝子発現メカニズムを把握することが先決となる．そして言うまでもないことだが，ゲノム情報が整備されない限り，ゲノム編集技術の適切な利用は困難である．

　ゲノム編集技術の隆盛そのものは大変に華々しいが，それを真に多くの昆虫に適用していくためには，昆虫の卵の扱いや飼育技術の確立，遺伝子発現メカニズムの追究，ゲノム情報の整備など，基礎科学の地道な努力が今後も不可欠であることを最後に記しておく．

4 章引用文献

4-1) 馬場明子 (2015)『蚕の白　明治近代産業の核』未知谷.

4-2) Shine, I.B., Wrobel, S.（徳永千代子 & 田中克己共訳）(1981)『モーガン　遺伝学のパイオニア』サイエンス社.

4-3) Rubin, G. M., Spradling, A. C. (1982) Science, **218**: 348-353.

4-4) Engel, W. R. *et al.* (1990) Cell, **62**: 515-525.

4-5) Handler, A. M. (2002) Insect Biochem. Mol. Biol., **32**: 1211-1220.

4-6) Fire, A. *et al.* (1998) Nature, **391**: 806-811.

4-7) Kennerdell, J. R., Carthew, R. W. (1998) Cell, **95**: 1017-1026.

4-8) Misquitta, L., Paterson, B. M. (1999) Proc. Natl. Acad. Sci. USA, **96**: 1451-1456.

4-9) Philip, B. N., Tomoyasu, Y. (2011) Methods Mol. Biol., **772**: 471-497.

4-10) Kuwayama, H. *et al.* (2006) Insect Mol. Biol., **15**: 507-512.

4-11) San Miguel, K., Scott, J.G. (2015) Pest. Manag. Sci., **72**: 801-809.

4-12) Kennerdell, J.R., Carthew, R.W. (2000) Nat. Biotechnol., **18**: 896-898.

4-13) Dietzl, G. *et al.* (2007) Nature, **448**: 151-156.

4-14) Niwa, R., Slack, F. J. (2007) Cell, Special Issue, http://www.cellpress.com/misc/

第 4 章　昆虫でのゲノム編集の利用

　page?page=ETBR.

4-15) Terenius, O. *et al.* (2011) J. Insect Physiol., **57**: 231-245.

4-16) Huang, J. *et al.* (2009) Proc. Natl. Acad. Sci. USA, **106**: 8284-8289.

4-17) Rong, Y. S., Golic, K. G. (2000) Science, **288**: 2013-2018.

4-18) Maggert, K. A. *et al.* (2008) Methods Mol. Biol., **420**: 155-174.

4-19) Bibikova, M. *et al.* (2002) Genetics, **161**: 1169-1175.

4-20) Liu, J. *et al.* (2012) J. Genet. Genomics, **39**: 209-215.

4-21) Bassett, A. R. *et al.* (2013) Cell Rep., **4**: 220-228.

4-22) Gratz, S. J. *et al.* (2013) Genetics, **194**: 1029-1035.

4-23) Yu, Z. *et al.* (2013) Genetics, **195**: 289-291.

4-24) Reid, W., O'Brochta, D.A. (2016) Curr. Opin. Insect Sci., **13**: 43-54.

4-25) Watanabe, T. *et al.* (2014) Methods, **69**: 17-21.

4-26) Matsuoka, Y. *et al.* (2015) 日本発生生物学会第 48 回大会 , OP06-5.

4-27) Daimon, T. *et al.* (2014) Dev. Growth Differ., **56**: 14-25.

4-28) Daimon, T. *et al.* (2015) Proc. Natl. Acad. Sci. USA, **112**: E4226-E4235.

4-29) Enya, S. *et al.* (2015) Insect Biochem. Mol. Biol., **61**: 1-7.

4-30) Huang, Y. *et al.* (2016) J. Genet. Genomics, **43**: 263-272.

4-31) Kondo, S., Ueda, R. (2013) Genetics, **195**: 715-721.

4-32) Komura-Kawa, T. *et al.* (2015) PLoS Genet., **11**: e1005712.

4-33) Xue, Z. *et al.* (2014) G3, **4**: 2167-2173.

4-34) Gantz, V. M., Bier, E. (2015) Science, **348**: 442-444.

4-35) Gantz, V. M. *et al.* (2015) Proc. Natl. Acad. Sci. USA, **112**: E6736-E6743.

4-36) Esvelt, K. M. *et al.* (2014) eLife, **3**: e03401.

4-37) Oye, K. A. *et al.* (2014) Science, **345**: 626-628.

第5章　海産無脊椎動物での
ゲノム編集の利用

坂本尚昭

> 海産無脊椎動物といえば，軟体動物（イカ・タコ），節足動物（エビ・カニ），環形動物（ゴカイ），刺胞動物（クラゲ・イソギンチャク）などのさまざまな動物が連想されるが，私たちヒトと近縁な動物もいる．棘皮動物のウニや原索動物のホヤは，ヒトと同じ新口動物の仲間であると同時に，発生学のモデル生物としても知られている．本章では，これらの動物を用いた遺伝子機能解析法やゲノム編集の現状について紹介する．

5.1　実験モデル動物としてのウニとホヤ

海には砂浜や岩礁，浅瀬や深海，干潟・藻場・サンゴ礁などのさまざまな環境があり，そこには形態的にも分類的にも多様な生き物が棲息している．その中でもウニやホヤの仲間は，どちらも新口動物とよばれる動物群に属しており，ヒトを含む脊椎動物と比較的近縁な生き物である（図 5.1）．新口

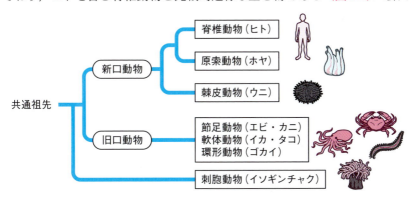

図 5.1　海産動物の進化系統樹
棘皮動物（ウニ）と原索動物（ホヤ）は，脊椎動物（ヒト）と同じ新口動物に属しており，私たちと近縁な生き物である．

第5章 海産無脊椎動物でのゲノム編集の利用

動物とは，初期胚で形成された原口が肛門となり，口はその後に形成される口陥に由来する動物の総称である．逆に，原口がそのまま口となるのが旧口動物であり，軟体動物（イカやタコ）・節足動物（エビやカニ）・環形動物（ゴカイ）など多くの動物がこれに属する．

ウニとホヤは実験動物としてもよく用いられ，日本国内にも多様な種が棲息する．初期発生のしくみを解明するモデル生物としても使われ，初期発生を制御する遺伝子の解析では，バフンウニ（*Hemicentrotus pulcherrimus*）とカタユウレイボヤ（*Ciona intestinalis*）がよく使われる（図 5.2）．

ウニはヒトデやナマコと同じ棘皮動物であり，その特徴は五放射相称な体をもつことである（図 5.3）．ヒトデを見るとわかりやすいが，体内に同じ器官が 5 つ放射状に配置されているのである．このように，成体のウニの体の構造はヒトと大きくかけ離れており，明確な頭部という構造をもたない上に中枢神経系も存在しないなど，ヒトとは異なる点が多い．しかし，ウニの幼生はヒトと同じ左右相称な体の構造をもち，棘皮動物は新口動物の原始的なグループとして位置づけられる．新口動物の中でヒトとの最も古い共通祖先をもつことから，新口動物の進化を考える上でも興味深い生き物である（図 5.1）．

図 5.2　実験動物に使われるウニとホヤ
　左：バフンウニ（*Hemicentrotus pulcherrimus*）．
　右：カタユウレイボヤ（*Ciona intestinalis*）（写真提供：広島大学 植木龍也 博士）．

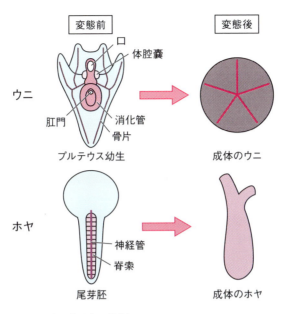

図 5.3　ウニとホヤの体制
上段：左右相称なウニの幼生は，左右に一対の体腔嚢をもつが，その後の発生で左側の体腔嚢のみが成長し，変態を経て五放射相称の成体となる．
下段：左右相称で脊索をもつホヤの幼生は，変態で尾部が消失し，固着生活に移る．

　一方のホヤも，成体の見た目はヒトと大きく異なっており，ヒトと近縁な動物であるといってもピンとこないだろう．しかし，ホヤも幼生のときには左右相称な体に頭や尾といった構造をもち，体の中心には脊索を形成する（図5.3）．この脊索が発生時に神経管の形成を誘導し，さらに中枢神経系が形成されるなど，脊椎動物の基本的な特徴を備えていることから，無脊椎動物から脊椎動物への進化を考える上で重要なモデル生物であると考えられる．

　ウニは，古くから発生学の材料として用いられており，初期発生のしくみについて詳細に解析されている．ウニの初期卵割は等割であり，8細胞期までは均等な大きさの割球を生じる（図5.4）．しかし第4卵割は不等割であり，動物極側に8個の中割球，植物極側に4個の大割球と4個の小割球を生じる．

第5章 海産無脊椎動物でのゲノム編集の利用

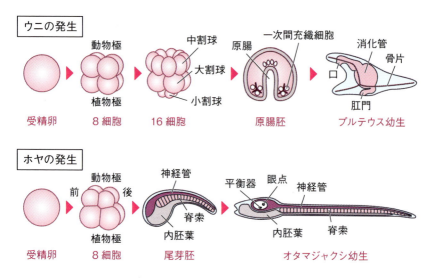

図5.4 ウニとホヤの発生
上段：ウニの発生．8細胞期までは均等なサイズの割球を生じるが，第4卵割で不等割によりサイズの異なる割球を生じる．小割球の不等割により生じる大小割球は一次間充織細胞となり，幼生の骨片へと分化する．原腸胚期に陥入した原腸は，幼生の消化管となる．
下段：ホヤの発生．第3卵割で動物極側に偏って分裂し，さらに前後に少しずれるため，割球の位置や大きさから各割球を識別できるようになる．その後，尾芽胚を経てオタマジャクシ幼生となり，尾部には脊索をもつ．

　この小割球からの誘導シグナルがその後の形態形成に重要であることは，割球の組合せ実験などによりよく知られている．小割球はさらに4個の大小割球と4個の小小割球に分かれ，大小割球に由来する細胞が一次間充織細胞となり，幼生の骨格を形成する細胞となる．小小割球に由来する細胞は，プルテウス幼生の消化管の横に形成される体腔嚢に入り，将来の生殖細胞になると考えられている（図5.3）．その後，左側の体腔嚢だけが成体の構造を形成し，変態を経て五放射相称な成体のウニになる．幼生を経て変態する間接発生の種と，幼生を経ずに変態する直接発生の種が存在する点でも，ウニの発生は興味深い[5-1]．
　ウニを発生学の研究材料とする利点は，卵や精子が容易に得られることで

ある．研究室内で簡単に人工授精させることができ，その後の発生にも同調性があるため，同じ発生段階の胚を大量に得ることができる．また胚の透明度が高く，遺伝子導入技術も確立していることから，緑色蛍光タンパク質（GFP：green fluorescent protein）などの発現も明瞭に観察できる．バフンウニと近縁のアメリカムラサキウニ（*Strongylocentrotus purpuratus*）では2006年にゲノムが解読され，多くの遺伝子がヒトと共通していることも示されている[5-2]．

　ホヤも，発生の分子メカニズムを解明する研究においてよく用いられるモデル生物である．ホヤの発生では，第1卵割が動植物極を通るように起こり，この分裂面が胚の左右相称面となる．第2卵割も動植物極を通って第1卵割面と直交するように起こり，胚の前後を分ける．しかし第3卵割で動物極側に偏って分裂し，さらに前後に少しずれるため，割球の位置や大きさから各割球を識別できるようになる（図5.4）．その後，原腸の陥入により嚢胚となり，さらに神経胚・尾芽胚を経てオタマジャクシ幼生となる．幼生は海中を活発に遊泳するが，その後尾部が体幹部に吸収されて消失し，さらに大きな形態変化を経て固着生活の成体へと変態する（図5.3）．

　オタマジャクシ幼生を構成する細胞数は約2,600個と少なく，主要な組織・器官の細胞系譜も明らかになっている．また，初期胚の割球が大きく胚操作が容易であることも，ホヤの胚を用いるメリットとなる．受精から約18時間で遊泳するオタマジャクシ幼生になるように，発生の速度も速い．さらに，世代時間が約3か月と比較的短いことから，次世代の個体を得るのも容易である．カタユウレイボヤのゲノムの塩基配列は2002年にすでに解読されており[5-3]，遺伝学的解析も可能であることからも，有用なモデル生物であると考えられる．

5.2　海産無脊椎動物における遺伝子機能解析法

　動物の発生は，ゲノム内の遺伝情報に基づいて行われる．そのスタートは受精卵内に蓄積された制御因子であり，そこからの遺伝子発現制御の連鎖によって発生が進行する（図5.5）．例えば，受精卵内に蓄積された遺伝子A

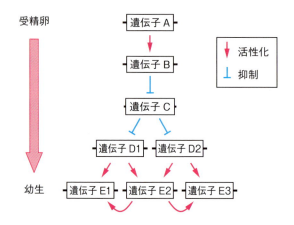

図 5.5 発生における遺伝子制御ネットワークの概略
受精卵内に蓄積された遺伝子産物からスタートし，発現制御が連鎖的に起こる．そのような発現カスケードがさらに複雑に相互作用し，ネットワークが形成される．赤線は活性化，青線は抑制を表す．

の産物が遺伝子 B の発現を制御し，遺伝子 B の産物が遺伝子 C の発現を制御するといった具合である．このような遺伝子発現のカスケードが，さらに複雑に相互作用することによって，遺伝子制御ネットワークが構築される．ウニを用いた研究ではこれまでに，受精からプルテウス幼生までの形態形成を担う遺伝子制御ネットワークの解析が盛んに行われてきた[5-4]．またホヤでも，オタマジャクシ型幼生の形態形成を担うメカニズムが研究されてきた．

ウニの遺伝子制御ネットワークの解析では，遺伝子導入法が不可欠である．ウニ卵への遺伝子導入には，ガラス針を用いてウニ卵に直接 DNA 溶液を注入する顕微注入法（マイクロインジェクション），もしくは DNA を金粒子に貼り付けてガスの圧力で卵内に打ち込むパーティクルガン法が用いられる（図 5.6）．ウニ卵への顕微注入では，直径約 100 μm の卵に約 2 pL の溶液を注射し，一つ一つの卵に確実に注射できる．一方のパーティクルガン法では，一度に約 10 万個の卵を処理できるが，金粒子が入るのは一部の卵となる．

ウニ卵に導入された DNA は胚の中に保持されるが，制限酵素で直鎖化された DNA は末端どうしがランダムに連結されてコンカテマーを形成し，卵

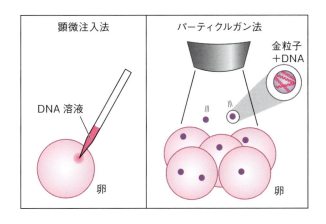

図 5.6 代表的な遺伝子導入法
左：顕微注入法．ガラス針に DNA 溶液を入れ，針先から出る DNA 溶液を直接卵内に注射する．
右：パーティクルガン法．金粒子の表面に DNA を付着させ，これをガスの圧力で吹き飛ばし，卵内に打ち込む．

割期にゲノム中のランダムな部位に挿入される．したがってその後，この DNA は細胞内のシステムにより複製・増幅される．一方，環状 DNA として導入された DNA はその後も環状 DNA として染色体外に保持され，複製・増幅されることはない[5,5)]．

ウニではこれまでに，初期発生に関わる多くの遺伝子が同定され，各遺伝子の機能解析および転写制御機構の解析が行われてきた．機能解析では，機能阻害の影響を解析することにより，発現調節カスケードを下流へと降ることができる．一方，転写制御機構の解析では，制御因子を同定することにより，発現調節カスケードを上流へとさかのぼることができる．こうして，遺伝子制御ネットワークが構築されてきた．

ウニ胚において遺伝子の機能を解析するためには，mRNAを本来の発現部位以外の領域で過剰発現させるか，あるいは遺伝子の発現や遺伝子産物（タンパク質）の機能を阻害することにより，本来の発現パターンや機能を撹乱する方法がとられる．阻害剤を用いた遺伝子産物活性の阻害も行われるが，このような実験ではその薬剤の毒性や副作用の影響についても注意を払う必

第5章 海産無脊椎動物でのゲノム編集の利用

要がある．あるいは，抗体の顕微注入やドミナントネガティブ型のポリペプチドをコードする mRNA の顕微注入も行われる．

遺伝子の発現阻害実験では，一般的には2つのツールが用いられる．RNA 干渉（RNAi）と，モルフォリノアンチセンスオリゴ（MASO：morpholino antisense oligo）である．ウニの遺伝子制御ネットワークの研究では，MASO を用いた標的遺伝子の特異的な発現阻害が不可欠なツールとなっている．MASO は核酸の類似体であり，DNA（RNA）のデオキシリボース（リボース）のかわりにモルフォリン環をもっているため，ヌクレアーゼに対する耐性があり，細胞内で安定に保持される（図 5.7）．また，MASO がもつ塩基配列は，転写産物 RNA の塩基と相補的に結合できるため，標的 mRNA の 5' 非翻訳領域（5' UTR）と相補的な MASO を使えば翻訳を抑制することができ（図 5.8），mRNA 前駆体のエキソン - イントロン境界部と相補的な MASO を使えば RNA スプライシングを抑制することができる（図 5.9）．

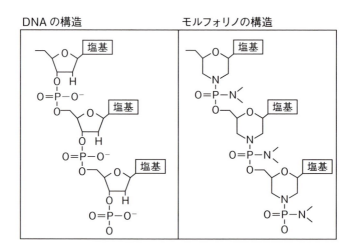

図 5.7 モルフォリノアンチセンスオリゴ（MASO）の構造
左：DNA の構造，右：モルフォリノの構造．モルフォリノは核酸類似体であり，核酸のデオキシリボース（リボース）の代わりにモルフォリン環をもつ．そのため，ヌクレアーゼに対する耐性があり，細胞内で安定に保持される．

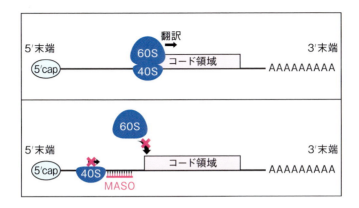

図 5.8　MASO による翻訳の阻害
上段：通常の翻訳．mRNA の 5′ キャップ構造に結合したリボソーム小サブユニットは，mRNA 上を 3′ 側へ移動しながら翻訳開始コドンを探す．開始コドン上で大サブユニットと結合し，翻訳がスタートする．
下段：MASO による阻害．5′ 非翻訳領域に結合した MASO は小サブユニットの移動を阻害し，最終的には大サブユニットと結合できないため，翻訳が阻害される．

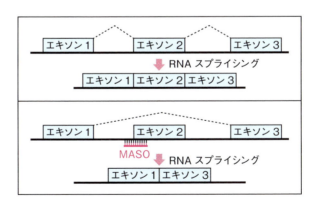

図 5.9　MASO によるスプライシングの阻害
上段：通常のスプライシング．イントロンが除去され，エキソンどうしが連結される．
下段：MASO による阻害．エキソン - イントロンの境界がスプライソソームに正しく認識されないため，結果的にエキソンが欠失することになる．

それに対して，ウニでは RNAi による遺伝子の発現阻害実験は行われない．RNA 干渉に必要な遺伝子群はウニ胚でも発現しており，ウニの初期発生に miRNA（マイクロ RNA）系が関与することも報告されているが，RNAi を利用した人為的な発現阻害は上手くいっていないのが現状である．これは，mRNA を標的とする RNA 分子を安定に維持できないためだと考えられている．

上述のように発現調節カスケードを上流へとさかのぼるためには，遺伝子の転写調節機構を調べる必要がある．海産無脊椎動物ではこれまで，特定の遺伝子座を狙ってゲノムを改変する技術がなかったため，レポーター遺伝子を用いた外来 DNA が利用されてきた．ルシフェラーゼ遺伝子や *GFP* などのレポーター遺伝子を目的の遺伝子の転写調節領域（プロモーター／エン

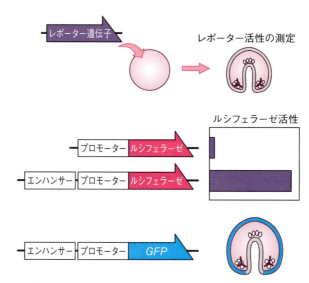

図 5.10　レポーター解析
ルシフェラーゼ遺伝子や *GFP* などのレポーター遺伝子を卵に導入すると，そこに連結されたプロモーターやエンハンサーの制御下で発現する．目的の発生時期にルシフェラーゼ活性を測定すれば，その時期におけるエンハンサー／プロモーターの活性を調べることができる．また，GFP 発現領域を観察すれば，エンハンサー／プロモーターの組織特異性を調べることができる．

ハンサー）と融合させて，その制御下で発現させるようなベクターを構築し，これをウニ受精卵に導入する（図 5.10）．その後ルシフェラーゼの活性や GFP 蛍光の局在を調べることにより，その遺伝子の時間的・空間的発現パターンの制御機構を明らかにできる．このような実験により特異的発現パターンを制御する DNA 配列が同定されると，今度はそこに結合するタンパク質を特定し，次にそのタンパク質をコードする遺伝子の発現制御機構を同様に解析していく．このようにして，発現制御機構（発現調節カスケード）を上流へたどっていくことができるのである．

　ホヤにおける遺伝子の機能解析でも，顕微注入による遺伝子導入法が確立されており，試験管内で合成された mRNA の注入や，MASO による遺伝子ノックダウンはよく行われる．また，プラスミド DNA の顕微注入を行うこともある．さらに，ホヤではエレクトロポレーション法による効率的な遺伝子導入も行うことができるため，一度に数百個体もの 1 細胞期の胚に効率よく遺伝子を導入することができる．

　ホヤの卵に導入されたプラスミド DNA がゲノムに組み込まれる頻度は非常に低く，多くは細胞内で複製されずに染色体外にとどまるようである．したがって，導入されたプラスミド DNA からの遺伝子発現は一過的であり，また一部の細胞でしか発現が見られないモザイク性も観察される．このような状態では，外来遺伝子を高率よく導入し，次世代に伝えることは難しいが，ホヤでは以下の 2 つの方法を使うことにより，効率的な導入を実現している．

　1 つは，I-SceI の共導入である．I-SceI は，酵母のミトコンドリアに由来するホーミングエンドヌクレアーゼであり，18 塩基対の配列を認識して切断する．したがってその認識配列の出現頻度は，理論的には約 680 億塩基対に 1 回であり，ゲノム中にはほぼ存在しない配列となる．この I-SceI の認識配列を目的の導入遺伝子の両側に付加し，これを I-SceI と共導入することにより，導入遺伝子がゲノムに組み込まれる割合が増加する[5-6)]．

　もう 1 つが，Tc1/ *mariner* スーパーファミリーのトランスポゾン *Minos* を用いる方法である（図 5.11）．*Minos* がホヤにおいて転移活性をもつことが明らかになったことから，*Minos* を用いたトランスジェニック系統の作

第 5 章　海産無脊椎動物でのゲノム編集の利用

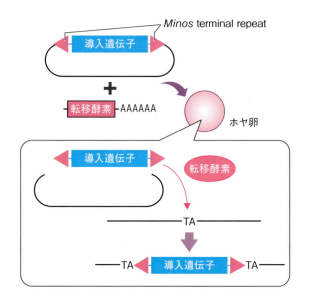

図 5.11　トランスポゾン *Minos* による遺伝子組換え
両側に *Minos* terminal repeat 配列を付加された導入遺伝子をもつプラスミドと *Minos* 転移酵素の mRNA を卵に共注入すると，ゲノム中の TA 配列を標的として導入遺伝子が効率よく組み込まれる．

製が行われるようになった[5-7]．両側に *Minos* terminal repeat 配列を付加された導入遺伝子をもつプラスミドと *Minos* 転移酵素（*Minos* transposase）mRNA を卵に共注入することにより，導入遺伝子が効率よくゲノムに組み込まれ，また生殖細胞系列への組み込みも可能となる[5-8]．さらに，最小プロモーターで制御される GFP をもつ *Minos* ベクターを導入し，ランダムに組み込まれた部位の近傍に存在するエンハンサーに依存して GFP を発現させ，ゲノム中のエンハンサーを検出するエンハンサートラップ法も確立されている[5-9]．

5.3　海産無脊椎動物におけるゲノム編集を用いた遺伝子ノックアウト

これまで海産無脊椎動物での遺伝子機能解析で主流だった MASO によるノックダウンでは，その効果の持続性が問題となる．初期発生での遺伝子機

5.3 海産無脊椎動物におけるゲノム編集を用いた遺伝子ノックアウト

能を解析する上では問題ないが，より後期の発生や成体での遺伝子機能解析では使えない．目的とする内在の遺伝子に特異的に変異を導入できるとよいのだが，動物における遺伝子ノックアウトは最近まで限られた生物種でしか行うことができなかった．このように，遺伝子ノックアウトができなかった海産無脊椎動物でも，F0世代で遺伝子をノックアウトできるゲノム編集はまさに待望の技術であった．

しかし，ZFNやTALENなどの人工ヌクレアーゼや，CRISPR-Cas9によるRNA誘導型ヌクレアーゼが開発されると，幅広い生物種での遺伝子ノックアウトが可能になり，ゲノム編集技術は様々な生物種に適用されるようになった．そのような流れは，海産無脊椎動物にもやってきた．海産無脊椎動物でのゲノム編集は，これまでに環形動物（イソツルヒゲゴカイ *Platynereis dumerilii*），刺胞動物（ネマトステラ *Nematostella vectensis*），棘皮動物（バフンウニ），原索動物（カタユウレイボヤ）での報告がある．

海産無脊椎動物でゲノム編集を行うにあたって，問題となるのは飼育温度かもしれない．ゲノム編集ツールのZFNやTALENでは，DNA二本鎖切断の導入には制限酵素FokIのDNA切断ドメインが使われる．この酵素は通常37℃で用いられるが，一般的な海産無脊椎動物の飼育温度はこれよりかなり低い．したがって，ZFNやTALENによる変異導入効率は低いように思われるかもしれないが，実際には比較的高い効率でのゲノム編集が実現されている．

また近年，多くの海産無脊椎動物のゲノムが解析され，多くの海産無脊椎動物のゲノムで多型の頻度が高いことが示された．したがって，これらの海産無脊椎動物でゲノム編集を利用する際には多型への注意が必要であり，野生の個体を材料とする場合はなおさらである．とくにウニのゲノムは他の動物種と比べて多型が多いことが知られており，アメリカムラサキウニでは個体間で4％の塩基に違いがあると推測されている[5-1]．また，アメリカムラサキウニのゲノム解析では100塩基に少なくとも1つの一塩基多型（SNP）や挿入／欠失が見られた[5-2]．さらに，バフンウニでは，SNPがエンハンサーや非翻訳領域だけでなくコード領域中にも存在することが報告されてい

る[5-11]．したがって，ウニを用いてゲノム編集をする際には，複数個体のゲノムから目的とする DNA 領域を PCR により増幅し，それらの塩基配列を比較することにより多型のない部分を標的部位とするようにしなくてはならない．

ウニではこれまでに，骨片形成を担う遺伝子制御ネットワークの解析が行われており，ゲノム編集の標的にも用いられてきた．この遺伝子制御ネットワークでは，骨片形成に重要な制御因子が，HesC により抑制されている（図 5.12）[5-12]．受精後，卵内に蓄積された遺伝情報をもとに 16 細胞期の小割球で *Pmar/micro1* 遺伝子が発現すると，Pmar/micro1 は小割球で *HesC* 遺伝子を抑制する．すると，HesC による抑制を解除された *Ets* や *T-brain* などの遺伝子が活性化され，骨片形成遺伝子群が発現するのである．

2010 年にウニで報告された最初のゲノム編集は，*HesC* 遺伝子を標的とした ZFN による遺伝子ノックアウトである[5-13]．HesC は小割球以外の領域で Ets などの制御因子の発現を抑制する機能をもつため，HesC のノックアウ

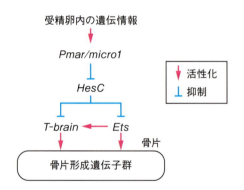

図 5.12　ウニの骨片形成を担う遺伝子制御ネットワーク
16 細胞期の小割球で *Pmar/micro1* 遺伝子が発現すると，小割球で *HesC* 遺伝子が抑制される．これにより，HesC による抑制を解除された *Ets* や *T-brain* などの遺伝子が小割球由来細胞で活性化され，骨片形成遺伝子群が発現する．逆に，小割球由来細胞以外では *HesC* 遺伝子が抑制されないため，骨片形成遺伝子群は発現しない．赤線は活性化，青線は抑制を表す．

トにより骨片形成遺伝子群がすべての領域で発現するようになると予想される．そこで，バフンウニ *HesC* 遺伝子の第3エキソンを認識する一組のZFNが作製された．このとき使用されたFok I には，各 ZFN によるホモ二量体の形成を避けるために RR および DD の Fok I Sharkey バリアントが使用された．

試験管内で合成された *HesC* ZFN mRNA をウニの受精卵に顕微注入し，*HesC* 遺伝子への変異導入を行ったところ，MASO による HesC ノックダウンと同様に，約10％の ZFN mRNA 導入胚において一次間充織細胞数の増加が観察された．またゲノムの解析により，受精後4時間（8細胞）までに挿入・欠失変異の導入が始まり，受精後12時間（未孵化胞胚）で最大レベルに達することが示された．*HesC* 遺伝子の発現が開始される受精後8時間（桑実胚）では，ZFN mRNA の挿入によるフレームシフト変異率は44％であり，ウニでの効果的なノックアウトの実現のためには，より効率的なゲノム編集法の確立が求められた．

2014年には，ウニ胚で一次間充織細胞の特異化に必須な *Ets* 遺伝子を標的とした TALEN によるノックアウトが報告された[5-14]．ここで用いられた TALEN には，高活性型の Platinum TALEN が採用された．*Ets* 遺伝子を標的とした一組の *TALEN* mRNA をウニ受精卵に顕微注入したところ，12.6％の胚で骨片の形成不全が観察された．しかし，片方の TALEN のみを注入された場合でも2.9％の胚で骨片の形成不全が観察されたことから，Fok I に RR および DD バリアントを使用しなかったために TALEN ホモ二量体が形成されたと考えられた．また塩基配列の解析から，受精後24時間で51.9％の *Ets* 遺伝子にフレームシフト変異が導入されていることも示された．

さらに近年，CRISPR-Cas9 によるウニ胚でのゲノム編集も報告された[5-15]．アメリカムラサキウニで *Nodal* 遺伝子を標的とした遺伝子ノックアウトが行われ，Cas9/sgRNA 導入胚の約8割でノックアウトの表現型が得られた．またゲノム解析の結果，挿入・欠失変異の導入効率は約85％であった．

ホヤでは2012年に，EGFP (enhanced green fluorescent protein；高感度緑色蛍光タンパク質) トランスジェニック系統のホヤを用いて，*EGFP* 遺

伝子を標的とした ZFN によるゲノム編集が報告された[5-16]．この報告では，試験管内で合成された一組の *EGFP ZFN* mRNA が各 150 fg 以上顕微注入され，後期尾芽胚でほぼ 100％の変異導入効率が得られた．また，各 150 fg の ZFN mRNA を顕微注入する手法を用いれば，オフターゲット変異も毒性も低く，効果的なオンターゲット部位の変異導入が可能であることも示された．さらに，ZFN による変異は生殖細胞にも導入され，導入された変異を子孫へと受け継ぐことが可能であることも示された．

　2014 年には，ホヤにおける TALEN を用いたゲノム編集が報告され，初めてホヤの内在の遺伝子がゲノム編集によりノックアウトされた[5-17]．EF1α プロモーターによる制御下で TALEN をユビキタスに発現するベクターをエレクトロポレーション法により導入し，*Fgf11*, *Fgf3*, *Hox12* 遺伝子を標的として 71％〜95％の高い変異導入効率が得られた．モルフォリノによるノックダウンと同じ表現型も得られており，この技術が遺伝子の機能解析にも利用できることが示された．また，組織特異的な発現を制御するプロモーターで TALEN を発現させれば，組織特異的なノックアウトが可能であることも示された．さらに同年，*Hox4* と *Hox5* 遺伝子を標的とする *TALEN* mRNA を顕微注入によりホヤ卵に導入し，生殖細胞系列に変異を導入できること，またその変異が次世代に伝えられることが示された[5-18]．

　ホヤにおける CRISPR-Cas9 を用いた遺伝子ノックアウトは，2014 年に報告された[5-19]．*Hox3*, *Hox5*, *Hox12* 遺伝子に対する合計 8 種類の sgRNA を作製し，*Cas9* mRNA とともに共注入したところ，*Hox3* と *Hox5* を標的とする 2 つの sgRNA で変異導入が確認された．したがって，sgRNA をデザインする際には，複数種類の sgRNA を作製し，その中から実際に実験をして変異導入可能なものを選別する必要があると思われる．変異が導入された 2 つのケースにおける挿入・欠失変異の導入率は，*Hox3* については約 58％，*Hox5* については約 76％であった．

　ホヤではエレクトロポレーション法による遺伝子導入が可能であるため，Cas9 および sgRNA の発現ベクターを導入する手法も報告されている．EF1α プロモーターで Cas9 を，U6 プロモーターで sgRNA を発現させ，約

4割の変異導入率が得られた[5-19].また,特異的発現を担うプロモーターを用いた Cas9 の発現でも,効果的な遺伝子ノックアウトが可能であることも示された[5-20].

刺胞動物であるイソギンチャクの一種ネマトステラでも,TALEN による効率的な遺伝子ノックアウトが行われた[5-21].成体で発現する内在性の赤色蛍光タンパク質(*NvFP-7R*)遺伝子を標的とした *TALEN* mRNA が未受精卵に顕微注入されたところ,生存個体中の約4割の胚で,赤色蛍光のモザイク状または完全な消失が観察された.また,生殖系列にも高効率で変異が導入されることも示された.同様に,CRISPR-Cas9 による *NvFP-7R* 遺伝子のノックアウトも行われ,生存個体の10%で赤色蛍光のモザイク状または完全な消失が観察された.

環形動物のイソツルヒゲゴカイでも,TALEN による遺伝子ノックアウトが報告されており,TALEN が環形動物においても有効なゲノム編集ツールであることが示されている[5-22].

5.4 ゲノム編集による遺伝子ノックイン

ゲノム編集を用いた遺伝子ノックインについても,海産無脊椎動物で報告されている.ウニでは,2012年に ZFN を用いたゲノム編集による遺伝子ノックインが報告された[5-23].この報告では ZFN を利用して *Ets* 遺伝子を標的とし,*Ets* 遺伝子のコード領域に GFP レポーターを連結させた(図 5.13).まず,*Ets* 遺伝子の終止コドンのやや上流を標的とする一組の ZFN が作製された.また,相同組換え修復を介したノックインを行うために,ヒストン H2B と GFP の融合遺伝子の両側に ZFN 標的部位の上流および下流約 1 kb の領域を連結させたドナーベクターが構築された.Ets と H2B-GFP の間には自己切断配列(2A ペプチド)が挿入され,Ets の発現や機能を邪魔しないよう配慮された.ドナーカセットの両側には Ets ZFN の標的配列が挿入され,環状プラスミド中のドナーカセットが胚の中で切り出されてノックイン効率を上昇するよう工夫された.さらに,DNA リガーゼ IV の C 末端の BRCT 反復配列をコードする mRNA を共導入することにより非相同末端連結(NHEJ)

第 5 章 海産無脊椎動物でのゲノム編集の利用

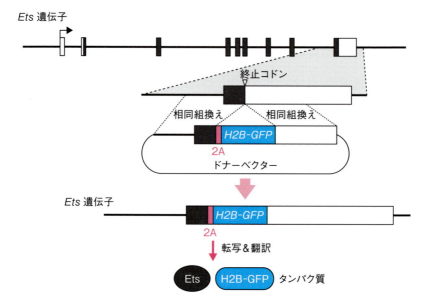

図 5.13 Ets 遺伝子への GFP のノックイン
Ets 遺伝子の構造において，四角で示した領域がエキソンであり，黒の四角はコード領域，白の四角は非コード領域を表す．三角は終止コドンの位置を示す．ドナーベクターは，H2B-GFP 融合遺伝子の両側に ZFN 標的部位の上流および下流約 1 kb の領域をもつ．また，Ets と H2B-GFP の間には 2A ペプチドが挿入されており，翻訳後に Ets と H2B-GFP のタンパク質が切り離される．

を介した修復を抑え，相同組換え（HR）を介した修復の効率を上昇させた．
　刺胞動物のネマトステラでも遺伝子ノックインは報告されており，TALEN および CRISPR-Cas9 による相同組換え修復を介した NvFP-7R 遺伝子座への遺伝子ノックインが行われている[5-21]．

5.5　今後の展望

　海産無脊椎動物におけるゲノム編集は，ようやくツールが揃ったところで，これからが研究における実用段階といえる．とくに，ゲノム編集によって導入された変異はその後もゲノム中に保持されるため，より後期に発現する遺伝子の機能解析には有用であると考えられる．今後，さらに多くの海産無脊

椎動物ゲノムが解読され，水産分野などでも積極的にゲノム編集技術が利用されるようになると予想される．

　これまでMASOではノックダウンできなかった母性タンパク質の解析にも，ゲノム編集は利用可能であるが，そのためには遺伝子改変個体から次世代を取る必要がある．遺伝子改変系統の作製はホヤでは確立されているものの，ウニではまだ例がない．しかし，ウニ成体の飼育・繁殖の方法はすでに確立されており，アメリカムラサキウニでは兄弟同士の近縁交配を7世代以上繰り返すことによる近交系が構築された例もある [5-24]．上述したようにウニでは多型が多いため，近縁交配により致死性や形態異常が見られる頻度も高いようだが，しかし確立された近交系は正常であり，ゲノム配列の均一性も増したようである．したがって今後，ウニの遺伝子改変系統が作製できれば，ウニを用いた遺伝子の機能解析も次のステージへと進むことができると考えられる．

5章 引用文献

5-1) 坂本尚昭・山本卓 (2016) 生物科学, **67**: 133-138.

5-2) Sea Urchin Genome Sequencing Consortium (2006) Science, **314**: 941-952.

5-3) Dehal, P. *et al.* (2002) Science, **298**: 2157-2167.

5-4) Oliveri, P., Davidson, E. H. (2004) Curr. Opin. Genet. Dev., **14**: 351-360.

5-5) McMahon, A. P. *et al.* (1985) Dev. Biol., **108**: 420-430.

5-6) Deschet, K. *et al.* (2003) Genesis, **35**: 248-259.

5-7) Sasakura, Y. *et al.* (2003) Proc. Natl. Acad. Sci. USA, **100**: 7726-7730.

5-8) Matsuoka, T. *et al.* (2005) Genesis, **41**: 67-72.

5-9) Awazu, S. *et al.* (2007) Genesis, **45**: 307-317.

5-10) Britten, R. J. *et al.* (1978) Cell, **15**: 1175-1186.

5-11) Yamamoto, T. *et al.* (2007) FEBS Lett., **581**: 5234-5240.

5-12) Revilla-i-Domingo, R. *et al.* (2007) Proc. Natl. Acad. Sci. USA, **104**: 12383-12388.

5-13) Ochiai, H. *et al.* (2010) Genes Cells, **15**: 875-885.

5-14) Hosoi, S. *et al.* (2014) Dev. Growth Differ., **56**: 92-97.

第 5 章　海産無脊椎動物でのゲノム編集の利用

5-15) Lin, C. Y., Su, Y. H. (2016) Dev. Biol., **409**: 420-428.

5-16) Kawai, N. *et al.* (2012) Dev. Growth Differ., **54**: 535-545.

5-17) Treen, N. *et al.* (2014) Development, **141**: 481-487.

5-18) Yoshida, K. *et al.* (2014) Genesis, **52**: 431-439.

5-19) Sasaki, H. *et al.* (2014) Dev. Growth Differ., **56**: 499-510.

5-20) Stolfi, A. *et al.* (2014) Development, **141**: 4115-4120.

5-21) Ikumi, A. *et al.* (2014) Nat. Commun., **5**: 5486.

5-22) Bannister, S. *et al.* (2014) Genetics, **197**: 77-89.

5-23) Ochiai, H. *et al.* (2012) Proc. Natl. Acad. Sci. USA, **109**: 10915-10920.

5-24) Leahy, P. S. *et al.* (1994) Mech. Dev., **45**: 255-268.

第6章 小型魚類における ゲノム編集の利用

泰松清人・川原敦雄

> 小型魚類であるゼブラフィッシュとメダカは，初期胚が透明であり短時間で発生が進行するため形態形成機構の解析に適したモデル脊椎動物である．小型魚類はマウスで開発された胚性幹細胞を基盤としたゲノム改変技術が樹立できておらず，自在にゲノムを操作できる新規発生工学技術の開発が望まれていた．近年のゲノム編集における技術革新は，様々なモデル生物の受精卵において直接ゲノムを改変することを可能とし，標的遺伝子の破壊や外来遺伝子の挿入を簡単に行うことができるようになってきている．本章では，小型魚類におけるゲノム編集技術の現状や新しく開発された外来遺伝子の精巧なノックイン法，さらに，医学や育種産業への応用に関して紹介する．

6.1 モデル脊椎動物としての小型魚類

ゼブラフィッシュ（*Danio rerio*）とメダカ（*Oryzias latipes*）は，一般には観賞魚として知られているが，生命科学研究の分野ではマウスと同じようにモデル脊椎動物として利用されている（図6.1）[6-1, 2]．メダカは日本人にとって身近に生息する馴染みの深い淡水魚であり，江戸時代には赤みを帯びたヒメダカがすでに観賞魚として飼育されていた．一方，縞模様が鮮やかなゼブラフィッシュはインド原産のコイ科の淡水魚であるが，飼育が簡単なため初心者向けの熱帯魚として人気が高い．ゼブラフィッシュとメダカに共通する特徴として，多産で受精卵が大きく胚操作が容易な点があげられる（表6.1）．

ゼブラフィッシュやメダカの受精卵に解析したい遺伝子のmRNAを注入し強制発現を誘導したときの表現型解析から，生体内での分子機能を調べることができる．また，ゼブラフィッシュやメダカの初期胚は透明であり，

第 6 章　小型魚類におけるゲノム編集の利用

図 6.1　ゼブラフィッシュとメダカ
a：ゼブラフィッシュ（*Danio rerio*）のメスの成魚，
b：メダカ（*Oryzias latipes*）のメスの成魚

表 6.1　ゼブラフィッシュ，メダカとマウスのモデル脊椎動物としての特徴

	ゼブラフィッシュ	メダカ	マウス
ゲノムサイズ	1700 Mbp	800 Mbp	3300 Mbp
飼育温度	25-31℃	10-40℃	20-30℃
産卵・出産数	100-200 個	10-50 個	10 頭前後
産卵頻度	毎週	毎日	毎月
受精から孵化・出産までの日数	2-3 日	7-10 日	19-21 日
世代時間	2-3 か月	2-3 か月	2-3 か月

形態形成過程を実体顕微鏡下で詳細に観察できる利点がある．例えば，血管内皮細胞特異的遺伝子（*fli1a*）のプロモーター領域の下流に高感度緑色蛍光タンパク質（*EGFP*）遺伝子を連結したレポーター遺伝子を発現する**トランスジェニック系統**を作製した場合，血管発生や血管ネットワークの形成過程を EGFP の発現としてリアルタイムで可視化することができる（**図**

図 6.2 血管発生過程を EGFP の発現で可視化できるトランスジェニック系統
血管内皮細胞特異的遺伝子である *fli1a* 遺伝子のプロモーター領域に *EGFP* 遺伝子を接続したレポーター遺伝子を導入したトランスジェニック・ゼブラフィッシュ系統（4 日胚）．（3 色印刷のため緑色の蛍光は青色で表現した）

6.2)[6-3]．小型魚類が鰓呼吸であるのに対しヒトは肺呼吸といったように器官の形態や機能が異なる部位もあるが，脊椎動物における形態形成の大枠は小型魚類と哺乳類の間で非常によく保存されている．また，ゼブラフィッシュとメダカのゲノムプロジェクトはすでに完了しており（表6.1），ゼブラフィッシュはヒト遺伝子の約 70% について相同遺伝子を有すること[6-4]，また，メダカ遺伝子の 60% はヒトで相同遺伝子が存在することが明らかになっている[6-5]．これらの特徴は，ゼブラフィッシュとメダカがモデル脊椎動物として有用であることを示している．

6.2 小型魚類を用いた順遺伝学的解析

1990 年代にドイツのチュービンゲンとアメリカのボストンで，化学変異原 *N*-エチル-*N*-ニトロソウレア（ENU：*N*-<u>e</u>thyl-*N*-<u>n</u>itros<u>o</u><u>u</u>rea）を用いた大規模なゼブラフィッシュ変異体のスクリーニングが行われ，発生異常を示す変異体が多数単離された[6-6, 7]．器官形成過程に特徴的な異常を示す変異体の原因遺伝子をゲノムマッピングにより同定する手法が順遺伝学的解析であるが，形態形成を司る新規遺伝子が上記変異体の原因遺伝子として同定されている．筆者らは独自に小規模なスクリーニングを行い，心臓発生に異常を示すゼブラフィッシュ変異体の順遺伝学的解析から，未解析膜分子 Spns2 が**脂質メディエーター**である**スフィンゴシン -1- リン酸**（S1P）の輸送体として機能することを世界に先駆け発見した[6-8]．Spns2 の機能が破壊されると

心臓前駆細胞の移動が不全となり，二叉心臓の表現型（心臓が左右の2か所で拍動）を示すことを見いだした（図 6.3）．さらに，Spns2のS1P輸送体としての機能は，ゼブラフィッシュからヒトまで保存された分子機能であることを報告した．近藤グループと武田および工藤グループは，2000年代に化学変異原を用いた変異体スクリーニングをメダカで遂行し，ゼブラフィッシュとは異なる表現型を示すメダカ変異体を多数単離している[6,9〜11]．それらの変異体の中で *kintoun* メダカ変異体は内臓逆位と多発性囊胞腎の表現型を示すが，原因遺伝子である *pf13* は繊毛の形成に関わる新規遺伝子であった[6-12]．*pf13* は緑藻クラミドモナスからヒトに至るまで広く保存された遺伝子であること，さらに，ヒト *PF13* が多発性囊胞腎を呈する**遺伝性疾患**の原因遺伝子の1つであることが明らかとなった．このように小型魚類における順遺伝学的解析は，形態形成を司る新規機能分子の発見やヒト遺伝性疾患の病態の理解に貢献している．

図 6.3　心臓発生異常を示す *spns2* 変異体
　心臓の前駆細胞は，体節形成期に体の左右両側にあり，正中線方向に移動し融合した後に心房や心室へと分化する．*spns2* 変異体は，心臓前駆細胞の移動が不全のため二叉心臓の表現型を示した（心臓に赤色蛍光タンパク質を発現する系統を用い解析した）．Spns2分子は，脂質メディエーターであるS1Pの輸送体として機能しており，ゼブラフィッシュではS1Pシグナルが心臓前駆細胞の動きを調節していることが明らかとなっている．

6.3　ゼブラフィッシュにおける標的遺伝子のノックダウン解析

標的遺伝子を破壊した個体を最初に作製し，その表現型を調べる手法が逆遺伝学的解析である．マウスでは胚性幹（ES：<u>e</u>mbryonic <u>s</u>tem）細胞が樹立されており，**ES 細胞**を基盤に標的遺伝子を破壊したノックアウトマウスを作製する手法が確立されている[6-13]．一方，小型魚類では ES 細胞が樹立できておらず，新しい解析技術の開発が望まれていた．ゼブラフィッシュにおいて，アンチセンス・モルフォリノオリゴ（morpholino oligo）を受精卵に注入することで標的遺伝子の翻訳抑制やスプライシング阻害を誘導するノックダウン法が開発された[6-14]．**モルフォリノオリゴ**は，標的遺伝子の開始コドン付近あるいはエキソン - イントロン部位に結合できるように設計された 25 塩基程度の核酸アナログである．このノックダウン法は，受精卵にモルフォリノオリゴを注入するだけの非常に簡単な実験手法であるので爆発的に広まったが，モルフォリノオリゴが胚発生過程で分解を受けるため抑制効果が限定的であること[6-15]，*p53* 遺伝子の異所的な発現誘導など非特異的効果が報告されたこと[6-16]，さらに，モルフォリノオリゴによるノックダウンの表現型と遺伝子を破壊したノックアウトの表現型がまったく一致しないケースが次々と報告されるなど，問題点が指摘されている[6-17]．その後のゲノム編集技術の登場は，受精卵が入手可能なモデル生物において一大革命を引き起こしており，これまでの実験技術では難しかった標的遺伝子の破壊や外来遺伝子の標的ゲノム部位への効率的な挿入などが可能となってきている．今後，ゲノム編集技術のようなゲノム改変を基盤とした精度の高い *in vivo* 解析が主流になると考えられる．

6.4　小型魚類におけるゲノム編集技術

ゲノム編集技術とは，ある特定の標的ゲノム配列において **DNA 二本鎖切断**（DSB：DNA <u>d</u>ouble-<u>s</u>trand <u>b</u>reak）を誘導することで，これに連動するゲノムの修復機構が機能する過程で，標的遺伝子のノックアウトや外来遺伝子のノックインなどのゲノム改変を行う技術である．

第6章 小型魚類におけるゲノム編集の利用

現在，**ZFN**（<u>z</u>inc <u>f</u>inger <u>n</u>uclease），**TALEN**（<u>t</u>ranscription <u>a</u>ctivator-<u>l</u>ike <u>e</u>ffector <u>n</u>uclease），**CRISPR**（<u>c</u>lustered <u>r</u>egularly <u>i</u>nterspaced <u>s</u>hort <u>p</u>alindromic <u>r</u>epeats）-**Cas9** が開発されているが，ZFN は機能的なコンストラクトの構築が難しく普及していないので，本節では TALEN と CRISPR-Cas9 を解説する（図 6.4）．

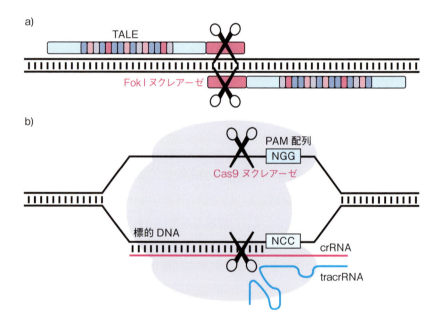

図 6.4 TALEN と CRISPR-Cas9 の構造
a) TALEN は，DNA 結合ドメインである TALE と制限酵素 Fok I 酵素活性部位とのキメラタンパク質である．TALE 内でモジュール（特定の塩基を認識）の順番を組み替えることで標的ゲノム部位を特異的に認識する．センス鎖とアンチセンス鎖に対する TALEN mRNA を受精卵に注入することで，スペーサー領域に DNA 二本鎖切断を誘導する．
b) CRISPR-Cas9 は，標的ゲノム配列を認識する CRISPR RNA（crRNA），trans-activating CRISPR RNA（tracrRNA）と Cas9 ヌクレアーゼから構成される複合体である．この複合体は，PAM 配列の 5′ 側で DNA 二本鎖切断を誘導する．

6.4.1 TALEN を用いたゲノム編集

TALEN は，植物病原菌キサントモナスで発見された TALE (transcription activator-like effector) とよばれる DNA 結合ドメインを制限酵素 FokⅠの酵素活性部位に接続したキメラタンパク質である（図 6.4a）[6-18]．TALE ドメインは，1 モジュールが保存された 34 アミノ酸の繰り返し構造からなるが，塩基認識に重要な 12 番目と 13 番目のアミノ酸の組み合わせを変えることで塩基認識の特異性を調節できる（TALE コード：NG 型が T, HD 型が C, NI 型が A, NN 型が G あるいは A を認識する）．つまり，標的ゲノム配列に対応するように TALE のモジュールの順番を組み替えることで標的配列に対する高い特異性を保持している．実際には，センス鎖とアンチセンス鎖にそれぞれ結合した TALEN の FokⅠ酵素活性部位が二量体を形成することで，スペーサー領域に DNA 二本鎖切断を誘導する．ボイタス (Dan Voytas) らのグループが Golden Gate 法による TALEN の構築法を開発したが[6-18]，筆者らは，広島大学の山本グループと共同で，ゼブラフィッシュやメダカでよく用いられる pCS2 発現ベクター内で効率よく TALEN を構築できるシステムに改良した[6-19]．

6.4.2 CRISPR-Cas9 を用いたゲノム編集

CRISPR-Cas9 は，細菌で発見された外来核酸に対する獲得免疫機構をゲノム編集に応用したものである[6-20]．標的ゲノム配列を認識する CRISPR RNA (crRNA；42 塩基) に対し **tracrRNA**（trans-activating CRISPR RNA；69 塩基）が Cas9 ヌクレアーゼを取り込んだ複合体を形成することで標的部位に DNA 二本鎖切断を誘導する（図 6.4b）．最近，crRNA と tracrRNA を融合させた **sgRNA**（single guide RNA；102 塩基）を簡便に構築するシステムがジャン (Feng Zhang) らのグループにより開発され[6-21]，受精卵が入手可能なモデル生物の間で爆発的に広まっている．

CRISPR-Cas9 の認識に必要な **PAM**（protospacer adjacent motif）配列の 5′側の 20 塩基に相当する合成オリゴを sgRNA 発現ベクターに組み込んだ後に，*in vitro* RNA 合成を行うことで sgRNA を調製する．実際には，ゼブラ

第6章 小型魚類におけるゲノム編集の利用

フィッシュやメダカの受精卵に sgRNA/Cas9 mRNA を注入するだけで簡単にゲノム編集を誘導することができる（図 6.5）[6-22, 23]．筆者らは，化学合成した crRNA と tracrRNA をリコンビナント Cas9 タンパク質と一緒に受精卵に注入する即効型 CRISPR-Cas9 法を確立した[6-24]．この手法は，従来法と比較し Cas9 mRNA から Cas9 タンパク質への翻訳過程を必要としないため，胚発生初期からゲノム編集を効率的に誘導できることが期待されている．

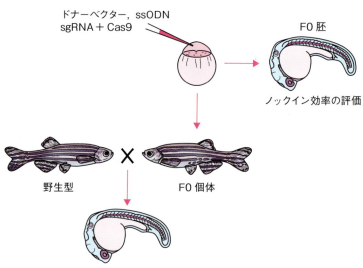

図 6.5　小型魚類におけるゲノム編集
受精卵に TALEN mRNA や sgRNA/Cas9 mRNA を注入することで標的ゲノム部位に DNA 二本鎖切断を誘導することができる．外来遺伝子などをノックインする場合は，ドナーベクターや ssODN を同時に注入する．ゲノム編集活性は，数日胚からゲノム DNA を調製した後に標的ゲノム部位に生じる挿入・欠失変異の頻度を計測することで評価できる．レポーター遺伝子のノックインなどは，標的遺伝子が発現している組織や器官においてレポーター遺伝子が発現するかを調べることで評価できる．（例として，組織特異的なレポーター遺伝子の発現を赤色で示している）

6.4.3 DNA 二本鎖切断の修復機構とゲノム編集技術による逆遺伝学的解析

小型魚類において遺伝子破壊を行うためには，あらかじめ標的遺伝子のコード領域内に TALEN や sgRNA が認識する標的配列を選定する必要がある．次に，TALEN mRNA や sgRNA/Cas9 mRNA を受精卵に注入することで，標的ゲノム部位に DNA 二本鎖切断を誘導する．この時，**非相同末端結合**（**NHEJ**：non-homologous end-joining）により切断面が結合される場合，このプロセスは高頻度でエラーが生じるため遺伝子破壊を効率的に誘導することができる（図 6.5，図 6.6）．TALEN mRNA と比較して sgRNA は低分子量

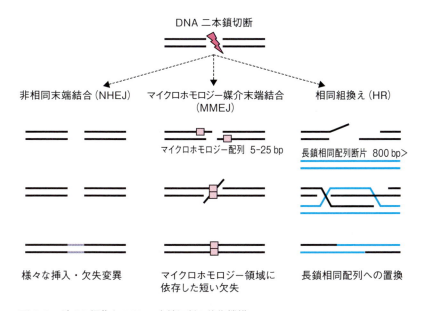

図 6.6　ゲノム編集と DNA 二本鎖切断の修復機構
　　ゲノム編集時に生じた DNA 二本鎖切断は，主に非相同末端結合（NHEJ：non-homologous end-joining），マイクロホモロジー媒介末端結合（MMEJ：microhomology-mediated end-joining）および相同組換え（HR：homologous recombination）により修復される．非相同末端結合は，DNA 切断末端同士を DNA リガーゼで接続するが，この過程はエラーが生じやすいため挿入・欠失変異が高頻度で誘導される．切断部位近傍に数塩基の相同配列（マイクロホモロジー配列）が存在する場合，その配列がセンス鎖とアンチセンス鎖でアニールして結合するマイクロホモロジー媒介末端結合も機能しうる．また，長い相同配列をもつドナーベクターが存在する場合，長い相同配列に依存したノックインも可能である．

であるので，複数の sgRNA を Cas9 mRNA と一緒に注入することで多重遺伝子破壊を誘導できると考えられた．筆者らは，4つの標的遺伝子に対し5つの sgRNA を Cas9 mRNA と一緒にゼブラフィッシュ受精卵に注入することで，複数の遺伝子の同時破壊やゲノム領域の欠損を誘導できることを示し，さらに，それらの変異が生殖系列に移行しうることを最初に報告した[6-25]．これは，ゲノム編集技術が小型魚類における逆遺伝学的解析にきわめて有用であることを示した研究成果である．

最近，**マイクロホモロジー媒介末端結合**（MMEJ：microhomology-mediated end-joining）とよばれるゲノム修復機構が存在することが明らかとなっている（図 6.6）[6-26]．例えば，TALEN や sgRNA の標的部位の近傍に 3～25 塩基の相同配列（マイクロホモロジー配列）が存在するケースでは，センス鎖およびアンチセンス鎖のマイクロホモロジー領域がアニールすることでゲノムが修復されると考えられている．つまり，TALEN や sgRNA の標的部位を選定する際に数塩基の相同配列の有無を確認し，修復後の読み枠を考慮すれば高い効率で計画通りの遺伝子変異を保持する系統を簡単に樹立することができる．また，筆者らは，後述するように，このマイクロホモロジー媒介末端結合を利用した外来遺伝子のノックイン法を開発している[6-27]．

標的ゲノム部位に対して長い相同領域（500 塩基以上でデザインされる場合が多い）が存在した場合，**相同組換え**（HR：homologous recombination）とよばれるゲノム修復機構が機能しうる（図 6.6）．この相同組換えは，マウス ES 細胞における**ゲノム改変**の基盤となっているが，ゲノム編集を受精卵で誘導した場合にもドナーベクターの相同配列を利用した相同組換えによるゲノム挿入が起こることが明らかになっている．次節で紹介するように，ゲノム編集技術と上記の3つの**ゲノム修復機構**を上手に活用することで，外来遺伝子を効率よく標的ゲノム領域へ挿入することができるようになってきている[6-28]．

6.5 ゲノム編集技術を利用した外来遺伝子の標的ゲノム部位への挿入

マウス ES 細胞では相同組換えを基盤としたノックイン法が確立されてい

るが，マウス以外のほとんどのモデル生物はES細胞が樹立されておらず，外来遺伝子の標的ゲノム領域への挿入はこれまできわめて困難であった．最近，ゲノム編集技術を利用することで外来遺伝子を効率よくノックインできる解析技術が次々と報告されてきている[6-27, 29, 30]．特に，ゼブラフィッシュにおける技術革新や技術導入は凄まじく，モデル脊椎動物として注目度が高いことを裏付けている．

6.5.1　一本鎖オリゴDNA（ssODN）の標的ゲノム部位への挿入

近年，標的ゲノム配列に対し20〜50塩基程度の相同配列を保持する**一本鎖オリゴDNA（ssODN：single-stranded oligodeoxynucleotide）**存在下でDNA二本鎖切断を誘導した場合，受精卵に注入したssODNが標的ゲノム部位に挿入されるケースが報告された．エッカー（Stephen Ekker）らのグループは，TALENを用い*crhr2*標的ゲノム部位に*loxP*配列の挿入に成功している[6-31]．ただし，ssODNの精巧なノックインの効率は高くなく，*crhr2*標的ゲノム部位に対するノックインの5％ほどである．シュミット（Bettina Schmid）らのグループは，CRISPR-Cas9を用い*C9t3*標的ゲノム部位にHA（hemagglutinin）タグを精巧に挿入しうることを示したが（1.7％），挿入されたHAタグの大多数は様々な挿入・欠失変異を伴っていることを報告した[6-32]．ゲノム編集によるssODNの標的ゲノム部位への挿入は，点突然変異に起因するヒト遺伝性疾患に対する**疾患モデル生物**を作製する場合や標的遺伝子にペプチドタグなどを導入する際に大変有用である．

6.5.2　ゲノム編集技術と相同組換えを利用したノックイン法

DNA二本鎖切断が生じると相同組換えの頻度が高まることが知られているので，ゲノム編集技術と相同組換えを利用した外来遺伝子の**標的ゲノム部位**へのノックインが試みられた．リン（Shuo Lin）らのグループは，TALENを用い*tyrosine hydroxylase*の遺伝子座に*EGFP*を挿入しうるかを検証した[6-33]．彼らは，約1 kbほどの相同領域を*EGFP*遺伝子の両側に付加したレポーター遺伝子が標的ゲノム領域へ挿入されうることを報告したが，

第 6 章　小型魚類におけるゲノム編集の利用

その頻度はきわめて低い値であった（275 匹の F0 個体の中で 4 匹において**生殖系列移行**が認められた：1.5％）．ソルニカ = クレッツェル（Lilianna Solnica-Krezel）らのグループは，相同配列の長さなどドナーベクターの構築に改良を加えることで，TALEN によるレポーター遺伝子の標的ゲノム部位への挿入効率を 11％にまで高めた（彼女らは 44 匹の F0 個体の中で 5 匹に生殖系列移行を確認している）[6-34]．さらに，ニュスライン = フォルハルト（Christiane Nüsslein-Volhard）らのグループは，CRISPR-Cas9 と相同組換えを利用した外来遺伝子のノックイン法を報告した[6-35]．彼女らは，ドナーベクター内の相同領域の前後に sgRNA による結合部位を付加することで，標的ゲノム部位が切断される際にドナーベクターも同時に切断を受け，その結果，高いノックイン効率を観察している（28 匹の F0 個体の中で 3 匹において生殖系列移行が認められた）．このように，ゲノム編集技術と相同組換えを組み合わせた外来遺伝子のノックイン法は着実に改良されてきているが，長い相同領域を含むドナーベクターの構築が非常に煩雑であることが難点である．

6.5.3　非相同末端結合を利用したゲノム挿入法

最近，ゲノム編集技術と非相同末端結合を組み合わせた新しいノックイン法が開発された．ベーネ（Filippo Del Bene）らのグループは，組織特異的に EGFP を発現するトランスジェニック系統の *EGFP* **遺伝子**を活性型 *Gal4* 遺伝子に変換しうるかを調べることで新しいノックイン法を評価した[6-29]．彼らは，*EGFP* 遺伝子座とドナーベクターの ***Gal4* 遺伝子**が同時に切断された場合，ある頻度で EGFP の発現から活性型 Gal4 の発現へと変換されることを報告した．ただし，このノックイン法では *Gal4* 遺伝子断片が両向き，かつ，3 つの読み枠で挿入可能であるので，*EGFP* 遺伝子に接続する *Gal4* 遺伝子との間で読み枠が合った時のみ活性型 Gal4 が発現することになる（29 匹の F0 個体の中で 9 匹において生殖系列移行が認められた：31％）．この手法は非相同末端結合を利用しているので，様々なレポーター遺伝子をいかなる標的ゲノム部位にも挿入でき，簡単にトランスジェニック系統を樹立で

6.5 ゲノム編集技術を利用した外来遺伝子の標的ゲノム部位への挿入

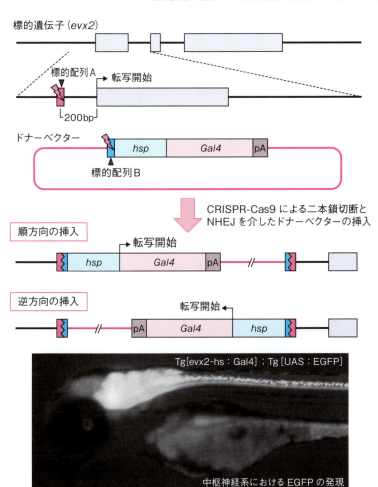

図 6.7　非相同末端結合を利用したノックイン法
　ドナーベクターは，sgRNA 結合部位，ヒートショックタンパク質（Hsp）のプロモーター領域と Gal4 遺伝子を接続したレポーター遺伝子を保有している．複数の sgRNA（evx2 とドナーベクターが標的），Cas9 mRNA とドナーベクターをゼブラフィッシュ受精卵に注入し，evx2 遺伝子座にレポーター遺伝子がノックインされたトランスジェニック系統が樹立された（exv2-hs:Gal4）．標的遺伝子の 5′ 側の非翻訳領域に hsp プロモーターを保持するレポーター遺伝子を挿入しているので，正向きならび逆向きのいずれの向きに挿入された場合も evx2 発現細胞において Gal4 遺伝子を発現できる．この系統をUAS:EGFP 系統と掛け合わせることにより，evx2 発現細胞を EGFP で可視化することができる．（EGFP 発現領域は，背側の白い領域である）（文献 6-30 を改変して転載）

第6章　小型魚類におけるゲノム編集の利用

きることが利点と考えられた．

　東島らのグループは，上記のドナーベクターに改良を加え，さらに，標的遺伝子の5′側の非翻訳領域を標的部位とすることで，ドナーベクターがいずれの向きで挿入された場合にもレポーター遺伝子が発現できるように工夫した[6-30]（図6.7）．その戦略として，sgRNA結合配列とヒートショックタンパク質（Hsp）のプロモーター配列の下流にレポーター遺伝子（*EGFP*遺伝子や*Gal4*遺伝子）を接続したドナーベクターを構築した．このドナーベクターが標的遺伝子のプロモーター領域に挿入された場合，エンハンサートラップと同じように標的遺伝子の発現領域でレポーター遺伝子の発現が誘導されることが期待された．実際に，*evx2*遺伝子のプロモーター領域でゲノム編集を誘導したときに，レポーター遺伝子が正向きあるいは逆向きに挿入されることで，*evx2*発現細胞において*Gal4*遺伝子が共に発現することが確認された．また，そのノックインは，生殖系列移行を示すことが明らかとなった（17匹の個体の中で2匹において*Gal4*遺伝子の発現が確認された：12％）．この手法は，相同配列に依存しない非相同末端結合を利用したノックイン法であるので，非常に汎用性が高い新しいトランスジェニック系統の作製法となりうる．

6.5.4　マイクロホモロジー媒介末端結合を利用した精巧なノックイン法

　筆者らは，広島大学の山本グループと共同で，マイクロホモロジー媒介末端結合を利用した外来遺伝子の精巧なノックイン法の開発に成功した[6-27]．その戦略は，ゲノム編集時に標的ゲノム部位で露出される短い塩基配列をドナーベクター内に最初から組み込むことで，両者のDNA切断面で生じる短い相同配列（マイクロホモロジー配列に相当）に依存して外来遺伝子の精巧な挿入を誘導することである．筆者らは，標的遺伝子として表皮細胞で高い発現を示すケラチン遺伝子（*krtt1c19e*）に*EGFP*遺伝子を精巧に接続できうるかを検証した（図6.8）．ドナーベクター内の*EGFP*遺伝子の前後にケラチン遺伝子との接続部分の読み枠に配慮しながら標的ゲノム部位近傍の相同配列（40塩基）を付加した．その前後に高い切断活性をもつsgRNAの結

6.5 ゲノム編集技術を利用した外来遺伝子の標的ゲノム部位への挿入

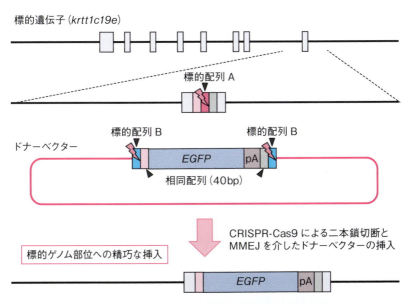

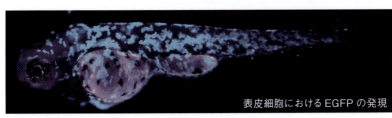

図 6.8 マイクロホモロジー媒介末端結合を利用した精巧なノックイン法
表皮細胞で高い発現を示すケラチン遺伝子（*krtt1c19e*）の終止コドン近傍に *EGFP* 遺伝子を精巧に接続することを検討した．*EGFP* 遺伝子の 5′ および 3′ 側にケラチン遺伝子との読み枠に配慮しながら 40 塩基の相同配列を配置し，その両側に高い切断活性をもつ sgRNA の結合部位を付加した．ゼブラフィッシュ受精卵に複数の sgRNA（*krtt1c19e* とドナーベクターが標的），Cas9 mRNA とドナーベクターを注入すると，ケラチン-EGFP キメラタンパク質の発現が F0 胚の表皮細胞において観察された（文献 6-27 を改変して転載）．（3 色印刷のため緑色の蛍光は青色で表現した）

合配列を挿入することで，ゲノム編集が誘導されたときに標的ゲノム配列と相同な配列が剥き出しになるようにした．実際に，上記のケラチン遺伝子に対しゲノム編集を行ったF0胚において，高い効率で表皮細胞でのEGFPの発現が観察された（約40％）．EGFPが表皮細胞で発現されるためには，*EGFP*遺伝子がケラチン遺伝子と同じ読み枠でキメラタンパク質として翻訳される必要がある．F0胚からゲノムDNAを調製しシークエンス解析を行った結果，*EGFP*遺伝子のゲノム挿入の大部分が予想通りの接続配列となることを確認した．この結果は，ゼブラフィッシュ胚においてマイクロホモロジー媒介末端結合が機能していることを示唆している．さらに，外来遺伝子の標的ゲノム部位への挿入が生殖系列へ移行されうることが確認できた．この新規ノックイン法は，**ドナーベクター**を構築する際に短い相同配列を付加するだけなので，長い相同配列を必要とするこれまでのドナーベクターと比較しコンストラクトの構築がきわめて容易である．この手法は培養細胞やアフリカツメガエルなどの受精卵においても機能することが示されているので[6-36]，蛍光タンパク質などのレポーター遺伝子を標的遺伝子と精巧に接続することで，生体内での分子動態解析を行う場合などに有用だと考えられる．

6.6 ゲノム編集技術の応用

6.6.1 ゲノム編集技術の医学への応用

ゲノム情報の蓄積とゲノム解析技術の進歩によりヒト遺伝性疾患における原因遺伝子の同定が進みつつあるが，母胎内や体内で進行するヒト遺伝性疾患の病態の理解には，疾患モデル生物の樹立と利用が必要不可欠である．そこで，ヒト遺伝性疾患の原因遺伝子に対するゼブラフィッシュの相同遺伝子をゲノム編集技術で破壊した変異体を作製し，その**表現型解析**から分子機能を調べることでヒト遺伝性疾患の病態解明につなげることが試みられている．例えば，ヒト造血疾患である骨髄異形成症は，骨髄内に病巣があり，また，病状が多岐にわたることから病態の理解が進んでいない．ルック（Thomas Look）らのグループは，ヒト骨髄異形成症の原因遺伝子である*ten-eleven translocation 2*（*tet2*）遺伝子を破壊したゼブラフィッシュ変異体を

作製した[6-37]．造血幹細胞の可視化系統を用いた *tet2* 変異体の *in vivo* 解析の結果，胚発生期における血液細胞の分化には異常はないが，成体において未分化な血液細胞や単球の増加と，赤血球数が減少することを見いだした．このように，造血細胞の動態を蛍光タンパク質で可視化して追跡することで，病態の進行過程を詳細に解析することが可能である．

筋収縮において重要な機能を担う構造遺伝子ヒト *TITIN* の異常は，筋原性疾患（ミオパチー）の原因となる[6-38]．デオ（Rahul Deo）らのグループは，ヒト *TITIN* に対するゼブラフィッシュ相同遺伝子 *titin a* に様々な変異を導入したゼブラフィッシュ変異体を作製し，*titin a* の変異部位に依存したミオパチーの病態の変化を報告した[6-39]．今後，ゲノム編集技術により作製されたヒト疾患モデルであるゼブラフィッシュ変異体の機能解析から，ヒト遺伝性疾患の病態の理解が一層進むものと期待される．

6.6.2　ゲノム編集技術の育種産業への応用

水産業は，これまで天然資源に依存していたが，近年は乱獲による天然資源の減少が問題となっており，今後は養殖魚の市場に占める割合は増加すると考えられる．水産業における**発生工学**の応用例として，成長ホルモンの遺伝子をタイセイヨウサケ（*Salmo salar*）に遺伝子導入することで成長速度を速め大きく成長させることに成功している[6-40]．2015 年，米食品医薬局（FDA：Food and Drug Administration）は，この遺伝子組換えサケを食品として販売することを承認した．ゲノム編集技術による標的遺伝子の破壊による育種は，内在性の**ゲノム修復機構**が機能する過程で誘導されるので（このケースでは外来遺伝子の導入はない），遺伝子組換え生物の使用を規制する**カルタヘナ法**に抵触しない可能性があるため，ゲノム編集技術の**育種産業**への応用が期待されている．例えば，ゲノム編集技術を用いピンポイントで標的遺伝子を破壊することで，養殖向けのおとなしい性質のマグロ，あるいは筋肉質で身の引き締まったマダイの育種などへの利用が考えられている．興味深いことに，ヨーロッパで飼育されている筋肉質なウシ（品種：Belgian Blue）のゲノム解析を行った結果，ミオスタチン遺伝子に突然変異が同定

第 6 章　小型魚類におけるゲノム編集の利用

され，ミオスタチンが筋芽細胞の増殖抑制に機能していることが明らかにされている[6-41]．ワン（Han Wang）らのグループは，コイのミオスタチン遺伝子をゲノム編集技術で破壊した場合，同じ飼育期間で，ミオスタチンを破壊したコイが野生型のコイよりも重量が 1.2 倍に増加したことを報告した[6-42]．木下らのグループは，ゲノム編集技術を用いマダイのミオスタチン遺伝子を破壊した場合においても同様な結果が得られることを公表している．今後，ゲノム編集技術が水産育種業に導入されることで，養殖魚の食品価値の向上や生産量の増加につながることを期待したい．

6.7　ゲノム編集技術による小型魚類のゲノム改変に関する今後の展望

　本章では，ゼブラフィッシュやメダカといった小型魚類におけるゲノム編集の現状を紹介した．小型魚類で開発されたゲノム編集技術は，マグロやマダイといった養殖魚におけるゲノム改変にもそのまま応用できる．実際にゲノム編集技術を水産育種に導入しようとする動きが世界中で進んでおり，近い将来，ゲノム編集技術により食品としての付加価値を高めた養殖魚が食卓にあがるであろう．米国立衛生研究所（NIH：National Institutes of Health）は，ゼブラフィッシュをマウスやラットに続く第 3 のモデル生物と位置付け，巨額の研究費を投じ生命科学研究を支援している．ゲノム編集技術を用いヒト遺伝性疾患の原因遺伝子をゼブラフィッシュの相同遺伝子と置換することで，ヒト遺伝性疾患の病態を詳細に再現できる疾患モデル・ゼブラフィッシュが作製されることが期待される．例えば，その疾患モデル生物を**器官形成**の可視化系統と交配した場合，病態の進行過程を蛍光タンパク質の発現として追跡できるので，ヒト疾患の病態解明に貢献できるであろう．また，ゼブラフィッシュ胚は 1〜2 mm ほどの体長なので，低分子化合物ライブラリーを用いた**ケミカルスクリーニング**に適しており，病態の進行を抑える治療薬の探索に利用できる．今後，ゲノム編集技術により作製したゼブラフィッシュ変異体を用いたケミカルスクリーニングから，ヒト疾患に対する新しい治療薬が開発されることを期待したい．

6章引用文献

6-1) Ota, S., Kawahara, A. (2014) Congenit. Anom. (Kyoto), **54**: 8-11.

6-2) Wittbrodt, J. *et al.* (2002) Nat. Rev. Genet., **3**: 53-64.

6-3) Lawson, N. D., Weinstein, B. M. (2002) Dev. Biol., **248**: 307-318.

6-4) Howe, K. *et al.* (2013) Nature, **496**: 498-503.

6-5) Kasahara, M. *et al.* (2007) Nature, **447**: 714-719.

6-6) Haffter, P. *et al.* (1996) Development, **123**: 1-36.

6-7) Driever, W. *et al.* (1996) Development, **123**: 37-46.

6-8) Kawahara, A. *et al.* (2009) Science, **323**: 524-527.

6-9) Furutani-Seiki, M. *et al.* (2004) Mech. Dev., **121**: 647-658.

6-10) Tanaka, K. *et al.* (2004) Mech. Dev., **121**: 739-746.

6-11) Yokoi, H. *et al.* (2007) Dev. Biol., **304**: 326-337.

6-12) Omran, H. *et al.* (2008) Nature, **456**: 611-616.

6-13) Capecchi, M. R. (2005) Nat. Rev. Genet., **6**: 507-512.

6-14) Nasevicius, A., Ekker, S. C. (2000) Nat. Genet., **26**: 216-220.

6-15) Bill, B. R. *et al.* (2009) Zebrafish, **6**: 69-77.

6-16) Robu, M. E. *et al.* (2007) PLoS Genet., **3**: 787-801.

6-17) Kok, F. O. *et al.* (2015) Dev. Cell., **32**: 97-108.

6-18) Cermak, T. *et al.* (2011) Nucleic Acids Res., **39**: e82.

6-19) Hisano, Y. *et al.* (2013) Biol. Open, **2**: 363-367.

6-20) Jinek, M. *et al.* (2012) Science, **337**: 816-821.

6-21) Cong, L. *et al.* (2013) Science, **339**: 819-823.

6-22) Hwang, W. Y. *et al.* (2013) Nat. Biotechnol., **31**: 227-229.

6-23) Ansai, S., Kinoshita, M. (2014) Biol. Open, **3**: 362-371.

6-24) Kotani, H. *et al.* (2015) PLoS One, **10**: e0128319.

6-25) Ota, S. *et al.* (2014) Genes Cells, **19**: 555-564.

6-26) McVey, M., Lee, S. E. (2008) Trends Genet., **24**: 529-538.

6-27) Hisano, Y. *et al.* (2015) Sci. Rep., **5**: 8841.

6-28) Kawahara, A. *et al.* (2016) Int. J. Mol. Sci., **17**: 727.

6-29) Auer, T. O. *et al.* (2014) Genome Res., **24**: 142-153.

6-30) Kimura, Y. *et al.* (2014) Sci. Rep., **4**: 1038.

6-31) Bedell, V. M. *et al.* (2012) Nature, **491**: 114-118.

6-32) Hruscha, A. *et al.* (2013) Development, **140**: 4982-4987.

6-33) Zu, Y. *et al.* (2013) Nat. Methods, **10**: 329-331.

6-34) Shin, J. *et al.* (2014) Development, **141**: 3807-3818.

6-35) Irion, U. *et al.* (2014) Development, **141**: 4827-4830.

6-36) Nakade, S. *et al.* (2014) Nat. Commun., **5**: 5560.

6-37) Gjini, E. *et al.* (2015) Mol. Cell. Biol., **35**: 789-804.

6-38) Pfeffer, G. *et al.* (2012) Brain, **135**: 1695-1713.

6-39) Zou, J. *et al.* (2015) eLife, **4**: e09406.

6-40) Devlin, R. H. *et al.* (2001) Nature, **409**: 781-782.

6-41) Grobet, L. *et al.* (1997) Nat. Genet., **17**: 71-74.

6-42) Zhong, Z. *et al.* (2016) Sci. Rep., **6**: 22953.

第7章　両生類でのゲノム編集の利用

鈴木賢一

> モデル動物としての優れた利点をもつ両生類は，基礎生物学の発展に非常に大きな役割を果たしてきた．遺伝子ターゲティングが不可能とされてきたが，近年のゲノム編集技術の進歩がブレイクスルーとなり，両生類研究は新しい展開を迎えている．本章では，両生類を用いた生物学・生命科学研究の歴史とともに，個体レベルでの分子生物学的解析手法，そしてゲノム編集技術を用いた最新の研究例について解説する．

7.1　アフリカツメガエルのモデル動物としての特徴

　無尾両生類の一種であるアフリカツメガエル（*Xenopus laevis*）は，現在の生物学研究における両生類のモデル動物として最も用いられている（図7.1）．アフリカツメガエルが基礎生物学分野で世界的に普及し始めたのは1950年代からである．大型の肉食魚などの生き餌となることから，多くの業者がアフリカツメガエルを養殖しており，野生種は幼生・成体ともに一年を通して入手可能である．系統化されたアフリカツメガエルとして，日本の片桐千明・栃内 新らが兄妹交配を繰り返して樹立したJ系統が存在し（JはJapanの意味），皮膚交換移植が成立するほどの近交化が進んでいる[7-1]．このJ系統はアフリカツメガエルのゲノムプロジェクトに使用され，現在，その全ゲノム配列が解析中である．アフリカ原産のこの種は，細胞のリプログラミング，細胞周期，遺伝子ネットワークの調節，

図7.1　アフリカツメガエルの成体

シグナル伝達，器官形成，再生，変態といった発生生物学および細胞生物学におけるさまざまな命題の解明に貢献してきた古参のモデル動物である．

　この生物種が生物学に広く用いられるようになったのは，実験を行ううえで多くの利点をもっていたからである．1つ目に，排卵を促すホルモンであるヒト絨毛性ゴナドトロピンの注射により通年採卵が可能であること，2つ目に，幼体も成体も水生であり生命力も強いため研究室内での飼育が容易であること，そして，3つ目に，他の両生類と異なり生き餌を必要としないことなどが挙げられる．さらに，他のモデル脊椎動物と比較して，アフリカツメガエルの発生生物学・細胞生物学的利点も挙げてみよう．まず，一度の採卵可能数が数千個および人工授精が可能な点が挙げられる．そのため，1回の実験で大量の卵と発生が同調した胚を解析できる．この産卵数は，マウス，ラットやニワトリなどのモデル四肢脊椎動物と比べて非常に多い．次に，胚発生が母体外で進むため，発生過程の観察が容易であることも大きな利点である．さらには，卵や胚が大きいことから（卵の直径は約 1.5 mm），核酸やタンパク質などの顕微注入が容易であり，顕微手術や組織片移植などの外科的処理にも適している．両生類特有の卵を被うゼリー質はシステインにより溶かすことができるため，卵や胚は非常に扱いやすい．

　アフリカツメガエルを使った最も有名な実験は，イギリスのガードン（John B. Gurdon）が行った，分化した体細胞核を未受精卵に移植したクローン研究である（図 7.2）．高校生物の教科書にも載っているので読者らも覚えがあると思う．この研究で，細胞が発生過程で分化する際に，ゲノム DNA 配列や遺伝子セットに不可逆的変化（遺伝子配列が無くなったり，配列が変わったりすること）が生じないことが初めて証明された[7-2]．また，クローン動物の成功により，細胞の分化をリセットする「リプログラミング現象」も示された．この研究が基となって，2012 年に山中伸弥と同時にノーベル医学生理学賞を受賞したことは記憶に新しい．彼は，アフリカツメガエルの変異体を用いて核小体が生物にとって重要であることも証明した[7-3]．さらにガードンはさまざまな実験法を考案し，アフリカツメガエルを用いた分子生物学研究を確立した偉人でもある．アフリカツメガエルの受精卵に mRNA を顕

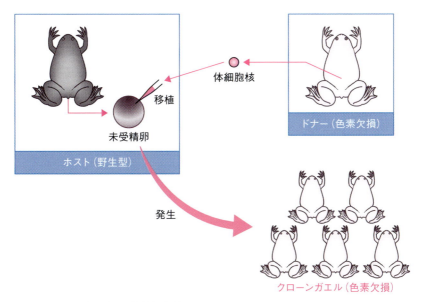

図 7.2 ガードンの核移植実験
色素欠損変異体成体由来の体細胞核を取りだし，黒い色素をもつ野生型の未受精卵に核移植する．これを成長させると，ホスト（野生型）ではなくドナー（色素欠損）の形質を示すクローンとなる．ドナー核（色素欠損）の遺伝情報をもとに白いカエルが作られたことを意味している．

微注入してタンパク質を合成する実験系を発案した一人は彼である[7-4]．例えば，オワンクラゲ由来の緑色蛍光タンパク質（GFP）の mRNA をアフリカツメガエルの受精卵に顕微注入する．直径 1 mm 程度の細長いガラス管をさらに引き伸ばして作った針に合成した mRNA を詰め，油圧やガス圧により注入する．注入された mRNA は発生中の卵の中で翻訳され，蛍光タンパク質となり励起光を当てると緑色蛍光を発するようになる（図 7.3）．この実験技術は，この後に述べるゲノム編集においても，人工 DNA 切断酵素やベクター DNA を導入するための最も効果的な方法として世界中の研究者に用いられている．

一見利点ばかりのアフリカツメガエルであるが，欠点としては，性成熟（オスとメスが受精可能になること）期間が 2～3 年と他のモデル脊椎動物に比

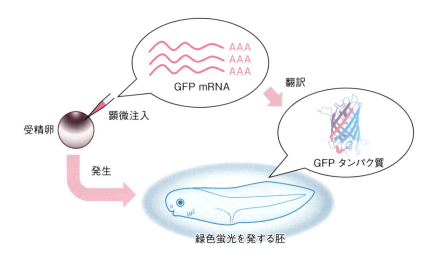

図 7.3 受精卵への mRNA インジェクション
緑色蛍光タンパク質（GFP）をコードする mRNA を試験管内合成し，アフリカツメガエルの受精卵に顕微注入する．mRNA は受精卵内でタンパク質に翻訳され，緑色蛍光を発するオタマジャクシになる．

べてかなり長いことが挙げられる．加えて，ゲノムは 36 本の染色体をもつ異質四倍体であるため，遺伝子が重複している上，ゲノムサイズが 3.1 Gb（31 億塩基対）と大きい．これらの生物学的特徴は，分子生物学手法を用いるうえで不利に働き，現代生物学の潮流から外れていた感は否めない．特に遺伝子ターゲティングは，ゲノム編集技術が登場するまで非常に難しいとされてきた．

7.2　ネッタイツメガエルのモデル動物としての特徴

2000 年代に入り，アフリカツメガエルの近縁種であるネッタイツメガエル（*Xenopus tropicalis*）が注目を集めてきた．アフリカツメガエル同様，アフリカ西岸が原産であり，3800 万年前に共通祖先から進化したと考えられている[7-5]．アフリカツメガエルより小ぶりで，水面に顔を向けている格好はなんともユニークである（図 7.4）．ネッタイツメガエルの性成熟期間は

約1年と速いため，この種の導入により両生類で初めて本格的な遺伝学研究が可能となった．さらに，18本の染色体からなる二倍体であり，ゲノムサイズは1.7 Gbである．その他の特徴としては，アフリカツメガエルと比べ飼育温度が26℃前後とやや高めであり，卵の直径が一回り小さい（表7.1）．2010年には，両生類で初めて全ゲノム配列の解析が終了し，現在は詳細な染色体情報やエピゲノム修飾（細胞の分化過程において施される，クロマチンの化学修飾）も明らかになっている[7-5]．ネッタイツメガエルのゲノムには約2万個のタンパク質に翻訳される遺伝子が発見され，ヒトの遺伝子数とそれほど変わらないことが確認された．その中でヒトの疾患に関連した遺伝子の約80％がカエルにも存在することや，遺伝子の並び方の保存性（シンテニー）が高いことも明らかになった．これらの実験動物としての優れた特徴から，ゲノム編集技術がさかんになる以前には，変異を誘発する化学物

図7.4 ネッタイツメガエルの成体

表7.1 アフリカツメガエルとネッタイツメガエルの特徴の比較

	アフリカツメガエル	ネッタイツメガエル
倍数性	異質四倍体	二倍体
ゲノムサイズ	3.1×10^9 bp	1.7×10^9 bp
成体の大きさ	約10 cm	約4-5 cm
卵の大きさ	1-1.3 mm	0.7-0.8 mm
生殖サイクル	2〜3年	8〜12か月
ゲノムプロジェクト	終了	終了

質を用いて変異体を作製する順遺伝学的手法による研究も行われていた．現在はネッタイツメガエルのヒト疾患モデルとしての利用価値が期待されており，基礎生物学のみならず応用生命科学の分野でも注目されている．供給源となる養殖業者が多数存在するアフリカツメガエルに比べ，買い手が少ないネッタイツメガエルは民間業者からの入手が難しい．そのため，海外では公共の供給機関（リソース）が系統化されたネッタイツメガエルを収集維持し，研究者に有料で供給している．例えばヨーロッパではイギリスのポーツマス大学にある EXRC（European Xenopus Resource Centre），アメリカではウッズホールにある NXR（National Xenopus Resource）がリソース拠点となっている．日本では現在，日本医療研究開発機構（AMED）のナショナルバイオリソースプロジェクト（NBRP）事業により，広島大学の附属両生類研究施設にてネッタイツメガエルが収集維持されており，良質のカエルを使って研究できる体制にある．しかしながら，アフリカツメガエル同様，特定の遺伝子を狙って破壊するターゲティングについては，ゲノム編集技術が登場するまで用いることができなかった．後の項で述べるが，CRISPR-Cas9 を用いたノックアウトが非常に効果的であり，ゲノム編集技術を用いたネッタイツメガエル研究は，世界中で広がりを見せている．

7.3 イベリアトゲイモリのモデル動物としての特徴

有尾両生類であるイモリのモデル動物としての歴史は古く，前世紀初頭の発生生物学ではたいへん活躍した．イモリは体外で胚発生を行うため発生の観察が容易であり，さらに卵が大きく胚操作が可能であったためである．高校生物の教科書で紹介される，シュペーマンとマンゴールドの胚移植実験による形成体（オーガナイザー）の発見や，フォークトの予定運命図の作製はイモリ胚を用いて行われたものである．イモリは四肢，脳，心臓，眼のレンズなどの器官を失っても再生可能であり，四肢脊椎動物の中では群を抜いて高い再生能力をもっている．そのメカニズムを明らかにすることにより，再生医療への多大な貢献が期待されている，生物学的魅力の高い生物である．しかしながらイモリは，個体が性成熟して子どもを得るまでに数年を要する，

一年のうちの限られた期間しか産卵しない，変態を経て成体になると動いている餌（生餌など）を要することが多いなどの理由から，実験室内での大量繁殖や飼育が困難であった．そのため，分子生物学的手法を用いた研究には向かないと判断され，一時期に比べイモリを使う研究者はめっきり減ってしまった．

　繁殖が困難という背景から，各国のイモリ研究者は各地で採集できるさまざまな野生種のイモリを使って研究を進めていた．しかし同じ「イモリ」とは言え別種，ヨーロッパ産のイモリで報告されたことが，必ずしも日本産のイモリでも観察されるとは限らない．また両生類は世界的に生息地を追われており，同種のイモリを採集し続けるのは困難になる可能性がある．世界中の研究者が協力してイモリの研究を進め，さらに現代分子生物学の手法を取り入れていくには，実験室内で容易に繁殖できる共通のイモリの存在が不可欠であった．

　そこで21世紀に入り，スペイン原産のイベリアトゲイモリ（*Pleurodeles waltl*）が注目された[7-6]（図7.5）．水陸両方を要する両生類にはめずらしく，一生水中で飼育することができるため生餌が不要で，一般的な熱帯魚用固形飼料で飼うことができる．性成熟に要する年数もオスが6か月，メスが9か月と非常に短い．また，アフリカツメガエルのように，ヒト絨毛性ゴナドト

図7.5　イベリアトゲイモリの成体

図7.6　イベリアトゲイモリにおける人工授精

ロピンを注射することで通年採卵することができ，150 〜 600 個の卵を 2 週間おきに得ることができる．そのため実験室内での繁殖が容易であり，順および逆遺伝学的手法を取り入れることが可能である．後の項目で詳しく述べるが，実験室内での人工授精（図 7.6），I-SceI を用いたトランスジェニックイモリの作製[7-6]，および TALEN を用いた遺伝子ノックアウトが報告されている[7-7]．特に TALEN によるノックアウトは，非常にモザイク性の低いノックアウト個体が得られている．これは，第一卵割に要する時間が他の生物に比べて長い（25℃で 6 時間）という発生上の特徴に起因していると考えられる．

最大の問題はゲノム情報の整備である．イベリアトゲイモリは 2 倍体（$2n = 24$）だが，ゲノムサイズが大きく，およそヒトの 8 〜 10 倍である（約 25 Gb）．ゲノム配列および転写産物の配列はいまだ解読されておらず，次世代シークエンサーによる転写産物配列の解析が現在進行中である．これらの情報と，イベリアトゲイモリの実験動物としての利点が合わされば，ゲノム編集による遺伝子改変に適した有尾両生類として注目されると考えている．

7.4　アカハライモリのモデル動物としての特徴

アカハライモリ（*Cynops pyrrhogaster*）は，日本の固有種であり，水のきれいな小川や，小池で静かに暮らしている．背側は黒く，腹側に鮮やかな赤色の模様がある（図 7.7）．冬はイモリ玉（数百匹〜千匹のイモリが集まって団子状の塊になる）をつくって冬眠する習性もあり，実験室内では，成体

図 7.7　アカハライモリの成体

は 4℃の低温下におくことでひんぱんに世話をすることなく維持できる．本州，四国，九州と広く分布しており，充分な数を野外で採集できることから，古くより日本の両生類研究に用いられてきた種である．日本のイモリ研究の歴史は長く，生命科学のさまざまな領域で重要な知見をもたらしてきた．

例えば，ある細胞が別の細胞種へ変化するさまが「分化転換」と注目されたのは，アカハライモリの水晶体の再生研究が始まりである．イモリの水晶体が再生することは 18 世紀から知られていたが，どの細胞が由来になっているのかは長いあいだ謎であった．1973 年，江口吾郎と岡田節人は，虹彩の細胞を培養すると，水晶体の細胞へと分化転換することを発見した[7-8]（図 7.8）．またシュペーマンがオーガナイザーを発見してから 60 年余り，世界中の研究者がオーガナイザーの実体である誘導物質を探していたが，1988 年，浅島 誠らによって濃度依存的にさまざまな細胞を分化させることのできる分化誘導物質「アクチビン」が発見された[7-9]．

先述した一般的なイモリ同様，アカハライモリも実験室内での大量繁殖が

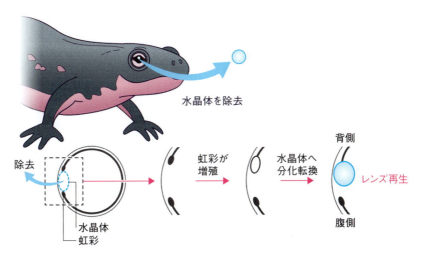

図 7.8 水晶体再生における分化転換
アカハライモリから水晶体を外科的に除去すると，背側の虹彩の細胞が増殖し，虹彩の細胞は，まったく形質の異なる水晶体の細胞へと分化転換する．その結果，水晶体（レンズ）が再生する．

困難であるという，これからのモデル動物として不利な点があった．しかし近年，日本のアカハライモリ研究者の努力により実験室内飼育法が研究され，変態や性成熟に要する期間が格段に短縮，通年で採卵することも可能となった．さらにトランスジェニック個体の作製[7-10]，ゲノム編集による遺伝子ノックアウトが報告された[7-11]．ゲノムサイズが大きく全ゲノム解読はいまだ困難であるが，転写産物の配列取得が進められており，転写産物データベースIMORIにて公開されている[7-12]．

7.5 アホロートルのモデル動物としての特徴

アホロートルは，別名メキシコサンショウウオ（*Ambystoma mexicanum*）といい，日本ではウーパールーパーという名前のペットとして馴染み深い（図7.9）．実はモデル動物としての歴史は非常に古く，モーガンがショウジョウバエの繁殖をすすめた20世紀初頭よりも前から実験動物として飼われていた．実験室内で維持された動物としては最も古いと言われている．アホロートルの成体に見られるふさふさとしたエリマキは外鰓(がいさい)という．有尾両生類の幼生期によく見られる体の外に突出した形の「えら」であり，通常は変態にともない失われる器官である．このように幼生の特徴を残したまま性成熟し，繁殖可能になることを幼形成熟（ネオテニー）とよび，アホロートルには幼形成熟個体が多く見られることが知られている．その特性から生涯水中で飼育できるため，実験室内での長期間の維持・繁殖が容易であった．

当初はネオテニーという興味深い現象から，変態のメカニズムの研究に用いられた．また実験室内で維持できるため，発生学や解剖学の分野で用いられた．さらに20世紀に入るとその高

図 7.9 メキシコサンショウウオ（アホロートル）の成体

7.5 アホロートルのモデル動物としての特徴

図 7.10 過剰肢モデル
アホロートル成体の腕の皮膚に損傷を与え，腕の神経，および反対側の腕の皮膚を損傷部位に配すると，新たに再生が起きてもう 1 本の腕（過剰肢，矢印）が生える．四肢再生のモデルとして用いられている．写真は愛知学院大学 遠藤哲也 博士のご厚意による．

い再生能力が注目され，四肢，脳，尾，あご，心臓などの器官の再生研究がさかんに行われた．特に四肢再生研究では，様々な重要な知見が得られている．例えば，四肢の皮膚を損傷させたのちに，肢の神経と皮膚片を損傷部位に配置すると二次的な再生を誘導することができ（過剰肢付加モデル），四肢再生に必要な要素を考察できる[7-13]（図 7.10）．また GFP トランスジェニックアホロートルと胚の移植技術を用いて，生体内で特定の細胞種をラベリングし，再生肢の由来となる細胞も詳しく調べられている[7-14]．

これらの研究は，さまざまな実験操作を可能とする個体の生命力（耐久性）や，組織片を移植しても拒絶反応を起こしにくいといった特性に支えられている．また，アホロートルの原種はまだらな黄土色や黒の混ざった色であるが，実験動物では色素変異体の白体色黒眼（リューシスティック）が主に使われており，GFP によるイメージングに適している．実験室内での維持方法に関しては，先述の通り長い歴史と知見の蓄積がある．性成熟に要する期間はオスで 10 か月，メスで 12 か月から 18 か月と速い．オスは 1 か月，メスは 2 か月周期で交配可能である．

一方で，アフリカツメガエルのようにヒト絨毛性ゴナドトロピンの注射では産卵の誘発ができず，メスが自然に産卵した卵を回収して実験をするため，遺伝子改変動物を作製するにはある程度の飼育規模が必要である．自然交配による繁殖のため完全な飼育環境下でも季節の影響を受けがちで，春が繁殖

のピークとなる．これまで他の有尾両生類と同様に巨大なゲノムサイズが研究上のネックとなっていたが，近年，有尾両生類で初めてゲノムが解読された[7-15]．

7.6 両生類におけるこれまでの遺伝子機能解析法

これまでに詳しく説明したが，現代生命科学研究における両生類のモデル動物としての最大の問題点は，性成熟期間が長いため，順および逆遺伝学的手法を導入できないことであった．世代交代の短いマウス，ゼブラフィッシュやショウジョウバエなどでは，変異原物質を用いて突然変異体（ミュータント）を作製し，原因遺伝子を同定していく順遺伝学的な機能解析が行われている（変異スクリーニング）．しかし，これらの生物種に比べ，次世代を得るために時間と手間の掛かる両生類においては，変異スクリーニングの解析法を選択することは非常に難しい．

そこで，両生類における遺伝子機能の解析では，合成オリゴヌクレオチド，mRNAやプラスミドDNAなどの核酸を受精卵に注入する方法が主流である．先にも紹介した，ガードンが開発した受精卵へ種々の核酸を導入するマイクロインジェクション（顕微注入）法を用いる（図7.3）．

初期発生研究において最もよく用いられている核酸は，mRNAとアンチセンスオリゴヌクレオチドである（図7.11）．mRNAは解析したい遺伝子（標的遺伝子）のcDNAをプラスミドベクターにクローニングし，試験管内で合成（*in vitro*合成という）して作製する．この際，遺伝子が情報としてもつタンパク質の機能部位（ドメイン）を欠失させたり，特定のアミノ酸を別のアミノ酸に置換したcDNAを基にmRNAを合成させたりすることも可能である．この改変したmRNAを導入して過剰に存在させたときに，元々の遺伝子機能を増強または亢進させる場合はGOF（gain of function；機能亢進），機能を失わせる（抑制させる）場合はLOF（loss of function；機能欠失）として，胚発生にどのような影響を与えたかにより判断する．しかし，これらのmRNAは本来なら胚に存在しないため，本来の遺伝子機能から生じる生命現象ではない危険性がある（アーティファクトという）．そのアーティファ

7.6 両生類におけるこれまでの遺伝子機能解析法

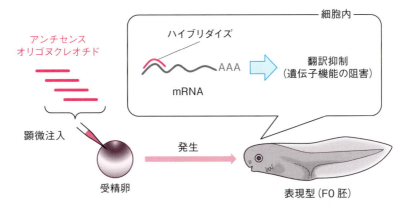

図 7.11 アンチセンスオリゴヌクレオチドによる遺伝子の機能阻害
機能解析したい遺伝子（mRNA）に相補的なオリゴヌクレオチドを受精卵に顕微注入すると、細胞の中で mRNA とハイブリダイズし、部分的に二本鎖となることにより翻訳やスプライシングが阻害される．この実験法をノックダウンともいう．

クトを低減させるため，現在主流となっている遺伝子解析法がアンチセンスオリゴヌクレオチドのインジェクションである．アンチセンスオリゴヌクレオチドは，文字通り標的遺伝子の mRNA に対する相補配列（アンチセンス）の一本鎖 DNA（オリゴヌクレオチド）を化学合成したものである．特に，オリゴヌクレオチドを化学的に改変し細胞内での DNA 分解酵素への耐性を高めたモルフォリノアンチセンスオリゴヌクレオチドは，受精卵へのインジェクションが可能なさまざまな生物種で用いられている．

アンチセンスオリゴヌクレオチドは，通常 mRNA の最初のメチオニン（翻訳開始点）上流かエキソンとイントロンの境界にその配列を作製する．アンチセンスオリゴヌクレオチドが mRNA の標的配列にハイブリダイズ（塩基間の水素結合）することにより，翻訳やスプライシングを抑制する．その結果，標的遺伝子のタンパク質が翻訳されなくなり，その遺伝子機能が抑制される（これを遺伝子ノックダウンという）．アーティファクトが比較的少ない機能解析法であり，さまざまな生物種で用いられている．特に，母性由来 mRNA の機能抑制には効果的であり，ゲノム編集がさかんになってきた現

在においても，初期発生における遺伝子機能解析の重要な解析方法である．しかしながら，大量に存在する遺伝子のmRNAの翻訳やスプライシングを抑制するためには大量のアンチセンスオリゴヌクレオチドをインジェクションしなければならず，それによるアーティファクトが問題になることもある．もう1つの問題は，その効果がインジェクションした受精卵の時点から経時的に弱くなり（顕微注入したアンチセンスオリゴヌクレオチドが無くなっていく），最終的にはその抑制効果が無くなる点である．そのため，ほとんどの場合，初期発生の研究でしか用いることができない．

　両生類で観察される変態や再生といったユニークな発生現象は孵化後に起こるため，遺伝子機能の解析方法としてトランスジェニック技術がしばしば利用されている．トランスジェニックは，外来遺伝子をゲノムに組み込んだ（組み換えた）個体を作製する技術であるため，mRNAやアンチセンスオリゴヌクレオチドの注入のように発生過程で効果がなくなることがない．例えば，前述のGOFやLOF変異遺伝子や蛍光タンパク質遺伝子cDNAなどを適当なプロモーター下で発現するようなプラスミドDNAを受精卵に注入し，ゲノムに組み込む．外来遺伝子が当世代（F0）胚の精子や卵子の元になる生殖細胞のゲノムにも組み込まれ（トランスジェネシスされた），F0の雌雄を交配させて得られた子孫（F1以降）に遺伝するとトランスジェニック動物として樹立されたことになる（図7.12）．トランスジェニック動物の細胞では，組み込んだプロモーターにより目的の遺伝子が発現する．両生類においてトランスジェニック動物を作製する方法は2つある．1つめはREMI（restriction enzyme-mediated integration）法である．精子核と外来DNAを混合し，顕微注入により精子核を未受精卵に移植してトランスジェニック動物を作製する．アマヤとクロール（Enrique Amaya & Kristen Kroll）らによりアフリカツメガエルで初めて報告された[7-16]．2つ目はI-SceI法である．ホーミングエンドヌクレアーゼI-SceIと，18塩基のI-SceI認識配列をもつ環状プラスミドを同時に細胞内に導入すると，プラスミド上の目的DNAがゲノム上の任意の位置に組み込まれる．メダカ（*Oryzias latipes*）で初めて報告された方法を[7-17]，荻野 肇らがツメガエル2種にて確立した[7-18]．外来遺伝

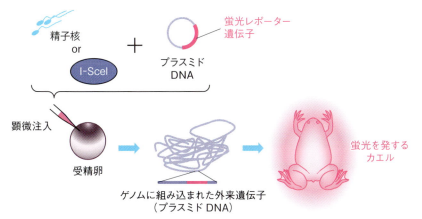

図7.12 トランスジェニックガエルの作製法
精子核またはI-SceIメガヌクレアーゼと，プラスミドDNAを同時に受精卵へ顕微注入すると，直鎖化されたプラスミドDNAがゲノム上に組み込まれる（トランスジェネシス）．外来遺伝子を発現する（もつ）動物をトランスジェニック動物（この場合カエル）とよぶ．

子をゲノムに挿入するこれらの技術を用いて，GFPのような蛍光レポーター遺伝子を組織細胞特異的なプロモーター配列と一緒に組み込んでトランスジェニック動物を作出することにより，発生現象における特定の細胞の挙動を可視化することができるようになった．例えば，神経細胞で発現する遺伝子のプロモーターにGFP遺伝子を連結したプラスミドをアフリカツメガエルのゲノムに組み込んだ場合，図7.13のように脳や神経が光るトランスジェニック動物を作ることができる．このトランスジェニック動物を使って，発生や再生中の神経細胞の存在や動きを生きたまま観察することができる．また，LOF型やGOF型の変異遺伝子（cDNA）を過剰発現させることで機能解析も可能である．トランスジェニック技術は，この章で説明した5種の両生類すべてで用いられている．しかし，この実験系の場合もアーティファク

第 7 章　両生類でのゲノム編集の利用

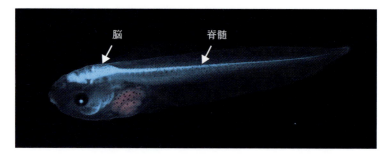

図 7.13　神経特異的に GFP を発現するトランスジェニックガエル
神経に発現する遺伝子のプロモーターと *GFP* 遺伝子を組み込んだトランスジェニックガエル幼生．励起光を当てると，中枢神経（矢印；脳や脊髄）が強い蛍光を発する．写真は兵庫県立大学 餅井 真 博士のご厚意による．（3 色印刷のため緑色の蛍光は青色で表現した）

トの可能性は否定できないため，実験結果の解釈には注意を要する．遺伝子機能を詳細に解析するためには，やはりノックアウトやノックインのような遺伝子ターゲティングが必要であり，その技術開発が長く待ち望まれていた．

7.7　両生類におけるゲノム編集研究

このような背景のもと登場した人工 DNA 切断酵素を用いたゲノム編集技術は，両生類を用いた生命科学研究の将来を変えようとしている．人工 DNA 切断酵素は任意の DNA 配列に DNA 二本鎖切断（DSB）を導入できる，いわば DNA を自在に切ることができる人工のハサミである．このハサミは，第 1 世代型の ZFN，第 2 世代型の TALEN，そして第 3 世代型の CRISPR-Cas9 が知られている．人工 DNA 切断酵素によりゲノム上の標的配列に DSB が導入されると，細胞内在の DNA 修復メカニズムによって修復されるが，塩基の挿入や欠失を起こしやすい非相同末端結合（NHEJ）によって修復されると，コーディング領域のフレームシフト変異を誘導し，遺伝子破壊（ノックアウト）が可能となる．また，ドナーベクターを共導入すると相同組換え（HR），NHEJ およびマイクロホモロジー媒介末端結合（MMEJ）によって遺伝子挿入（ノックイン）が可能となる．ZFN に始まり，TALEN，そし

て CRISPR-Cas9 と次々に登場した人工 DNA 切断酵素と遺伝子ターゲティングの詳細については他章に詳しく記載されているので割愛するが，両生類においても本ゲノム編集技術が導入され，モデル動物としての価値が再び注目されている（図 7.14）．

筆者らのグループが行った，高活性型 TALEN を用いたアフリカツメガエルにおけるノックアウトの実例を紹介しよう．メラニン合成酵素であるチロシナーゼ遺伝子と眼の形成に必須の転写因子である *pax6* 遺伝子を標的として，TALEN mRNA を顕微注入により受精卵へ導入し，それぞれの遺伝子の

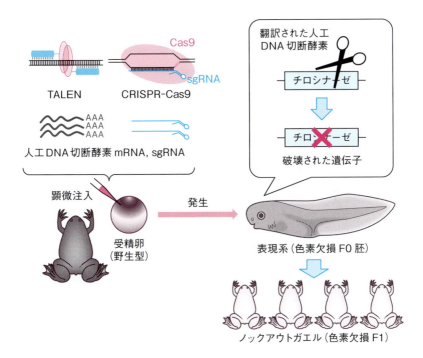

図 7.14　両生類における人工 DNA 切断酵素の顕微注入
　人工 DNA 切断酵素 TALEN や Cas9（この場合は sgRNA も）の mRNA を 1 細胞期の卵に顕微注入する．細胞の中で翻訳された人工 DNA 切断酵素が活性をもつようになり，標的遺伝子を破壊（ノックアウト）する．その結果，標的遺伝子の転写や翻訳が阻まれ，本来の遺伝子機能をもたない個体が作出される（表現型またはフェノタイプ）．

ノックアウトを行った[7-19, 20]．チロシナーゼに対するTALENを導入したところ，F0胚において網膜色素上皮および胴体部の黒色色素細胞を欠失する色素欠損表現型の個体が得られた．また，*pax6* TALEN mRNAを導入した場合は，上記で説明したモルフォリノによる*pax6*ノックダウンの表現型と類似した眼の形成異常が観察された．チロシナーゼ欠損F0個体を性成熟させ，F0同士を交配させた結果，その子孫（F1）は完全な色素欠損表現型を示した（図7.14，図7.15）．このことは，遺伝子の変異が当世代（F0）胚の精子や卵子の元になる生殖細胞のゲノムに組み込まれ，F0の雌雄を交配させて得られた子孫（F1以降）にも遺伝することを意味している．また，先に述べたように，アフリカツメガエルは進化の過程で染色体が交雑により倍化した異質四倍体であり，80％以上の遺伝子が重複した遺伝子（ホメオログ）を

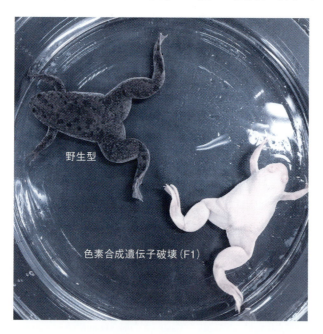

図7.15　チロシナーゼ遺伝子がノックアウトされたアフリカツメガエル
TALENによりチロシナーゼ遺伝子を破壊したアフリカツメガエル成体．右がノックアウトガエル（F1）で，左が野生型．変異体はチロシナーゼ酵素が作られずメラニン合成ができないため，色素のない白い体となる．

7.7 両生類におけるゲノム編集研究

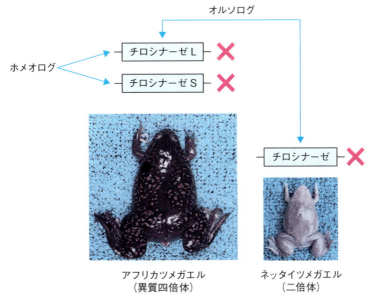

図7.16　アフリカツメガエルのホメオログ
アフリカツメガエルは異質四倍体といって，本来1つのオルソログ（進化的に同じ遺伝子，相同遺伝子という）を2つもつ．したがって，ゲノム編集技術で遺伝子をノックアウトする場合，両方のホメオログを同時にノックアウトしないと，表現型が現れない可能性が高い．アフリカツメガエルでは，異質染色体の由来により，LとSというホメオログが存在する．ネッタイツメガエルは二倍体なので1つのオルソログをもつ．NBRPネッタイツメガエルの写真は柏木昭彦博士のご厚意による．

もつことが知られている．このホメオログは機能が重複している場合が多く，正確な遺伝子機能解析には両ホメオログの同時ノックアウトが必要である（図7.16）．表現型や遺伝子型の解析結果は，チロシナーゼや *pax6* の両ホメオログが高効率で破壊されたことを示しており，TALENは両生類において非常に有効な遺伝子機能解析ツールであることが証明された．また，これまでに紹介したイベリアトゲイモリやアカハライモリでもTALENを用いた遺伝子のノックアウトに成功している[7-7, 11]（図7.17）．

TALENの改良や多様な生物種への応用が進むなか，2013年初頭には早くも第3世代のゲノム編集ツールCRISPR-Cas9が華々しく登場した．ネッ

第7章 両生類でのゲノム編集の利用

図7.17 チロシナーゼ遺伝子がノックアウトされたイベリアトゲイモリ
TALENによりチロシナーゼ遺伝子を破壊したイベリアトゲイモリ成体．上がノックアウトイモリ（F1）で体全体のメラニン色素が抜け，白い体となっている．下が野生型．写真は鳥取大学 林 利憲 博士のご厚意による．

タイツメガエルにおけるCRISPR-Cas9を用いたノックアウトについて紹介する．筆者らは，NBRPから供給される良質のネッタイツメガエルを用いてCRISPR-Cas9によるノックアウトを試みた．その結果，驚くことにF0胚において標的遺伝子の体細胞変異率が80〜99％の効率であることが判明した[7-21]．色素合成遺伝子であるチロシナーゼや*slc45a2*遺伝子を破壊した場合，30％の割合で色素がほとんど無くなった色素欠損F0胚を得ることが可能である（図7.18）．二倍体であるネッタイツメガエルとCRISPR-Cas9の相性は非常によく，今後，個体レベルの遺伝子機能解析において，優れた実験系となることが期待されている．加えて，アホロートルでもCRISPR-Cas9によるノックアウトが報告されており[7-22]，さまざまな両生類種においてCRISPR-Cas9は汎用的かつ機能的であることがわかってきた．

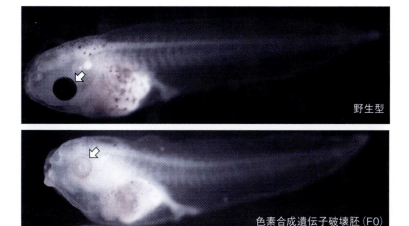

図 7.18 色素合成遺伝子（slc45a2）がノックアウトされたネッタイツメガエル
CRISPR-Cas9 により色素合成遺伝子（slc45a2）が破壊されたネッタイツメガエル幼生（F0）．上が野生型で，下がノックアウト胚．目の黒色メラニン色素がよく抜けているのがわかる（矢印）．

7.8 今後の展望

　ZFN にはじまり，TALEN，CRISPR-Cas9 とゲノム編集技術の開発は日進月歩の勢いである．特に，CRISPR-Cas9 はその容易性と利便性から，多くの研究者が導入している．従来困難であった両生類の遺伝子ターゲティングは，かなり実用的な段階にまで到達している．

　今後クリアすべき重要な課題として，ゲノム編集技術を用いた個体レベルでの一塩基置換導入法の確立やノックインのさらなる効率化が挙げられる．ゲノム編集技術を用いた一塩基置換導入はヒト培養細胞，マウス，ラットで相次いで報告されているが（他章を参照），現時点では両生類における報告はない．一塩基置換導入技術やノックイン技術により作出されるヒト疾患モデル動物（両生類）を用いた研究が今後さかんになるであろう．次世代シークエンサーを使ったヒトのゲノム解析により，数千に及ぶ疾患と相関の高い一塩基多型（SNP）が見つかっている[7-23]．今後は，この見つかった高頻度

なSNPの疾患への関与や，これに基づく新規の薬剤・治療法の開発が重要な研究テーマとなる．前述した通り，飼育コストが安くハイスループットな解析が可能な両生類は，ヒト疾患モデルとして病態の解明や創薬スクリーニングへの応用が期待されている．カエルの器官形成は組織学・発生学的にヒトに近く，疾患遺伝子変異体の表現型とヒトの病態との類似性も報告されていることから，疾患モデルとしての応用性は高いと考えられる．ゲノム編集技術によって作製された遺伝子改変体を使った創薬スクリーニングや，マウス，魚類では解析が困難な疾患をツメガエルで解析するといった取り組みも今後現実化するだろう．もちろん，ゲノム編集技術は基礎生物学研究，特に両生類の特徴である高い再生能力のしくみにもメスを入れることができる，最も有効な実験法となるであろう．

7章引用文献

7-1) Tochinai, S., Katagiri, C. (1975) Dev. Growth Differ., **17**: 383-394.

7-2) Gurdon, J. B. *et al.* (1975) J. Embryol. Exp. Morphol., **34**: 93-112.

7-3) Brown, D. D., Gurdon, J. B. (1964) Proc. Natl. Acad. Sci. USA, **51**: 139-146.

7-4) Gurdon, J. B. *et al.* (1971) Nature, **233**: 177-182.

7-5) Hellsten, U. *et al.* (2010) Science, **328**: 633-636.

7-6) Hayashi, T. *et al.* (2013) Dev. Growth Differ., **55**: 229-236.

7-7) Hayashi, T. *et al.* (2014) Dev. Growth Differ., **56**: 115-121.

7-8) Eguchi, G., Okada, T. S. (1973) Proc. Natl. Acad. Sci. USA, **70**: 1495-1499.

7-9) Asashima, M. *et al.* (1990) Roux's Arch. Dev. Biol., **198**: 330-335.

7-10) Casco-Robles, M. M. *et al.* (2010) Dev. Dyn., **239**: 3275-3284.

7-11) Nakajima, K. *et al.* (2016) Zool. Sci., **33**: 290-294.

7-12) Nakamura, K. *et al.* (2014) PLoS One, **9**: e109831.

7-13) Endo, T. *et al.* (2004) Dev. Biol., **207**: 135-145.

7-14) Kragl, M. *et al.* (2009) Nature, **460**: 60-65.

7-15) Keinath, M. C. *et al.* (2015) Sci. Rep., **5**: 16413.

7-16) Kroll, K. L., Amaya, E. (1996) Development, **122**: 3173-3183.

7-17) Thermes, V. *et al.* (2002) Mech. Dev., **118**: 91-98.

7-18) Ogino, H. *et al.* (2006) Mech. Dev., **123**: 103-113.

7-19) Suzuki, K. T. *et al.* (2013) Biol. Open, **2**: 448-452.

7-20) Miyamoto, K. *et al.* (2015) PLoS One, **10**: e0142946.

7-21) Shigeta, M. *et al.* (2016) Genes Cells, **21**: 755-771.

7-22) Flowers, G. P. *et al.* (2014) Development, **141**: 2165-2171.

7-23) Johnson, A. D., O'Donnell, C. J. (2009) BMC Med. Genet., **10**: 6.

第8章 哺乳類でのゲノム編集の利用

宮坂佳樹・真下知士

> ゲノム編集技術を使うことで，さまざまな哺乳動物の遺伝子を改変することができる．哺乳動物の受精卵に，直接，人工DNA切断酵素を注入することで，簡単に遺伝子をノックアウト（破壊）したり，ノックイン（導入）したりすることが可能である．また，哺乳動物の体細胞に，ウイルスベクターやデリバリーシステムを使って導入することで，肝臓や血液，脳などの組織や臓器でもゲノム編集ができる．今，ゲノム編集は，遺伝子治療や再生医療研究への応用が期待されている．本章では，哺乳動物における遺伝子改変の歴史，意義，その利用方法や，最新のゲノム編集法について述べる．

8.1 実験動物としての哺乳類

8.1.1 実験動物って？

なぜ病気になるのだろうか？ ヒトの病気の原因を調べたり，治療法を探したり，薬の安全性や毒性を確かめたくても，ヒトを直接，実験的に調べることは難しい．ヒトの代わりに，動物を使った実験は，必要不可欠である．逆に言えば，動物を使って調べることができるからこそ，安心して薬を飲んだり，洗剤や消毒薬を使ったりすることができる．

ヒトで実験を行うことは，倫理的なハードルが高いばかりか，ヒトは遺伝的にばらばらな集団であり，例えば，体格が違う，気分や性格によって行動が異なるなど，科学的にも実験の対象とすることが難しい．一方で，実験動物は，遺伝的な背景，周りの温度や食べ物などの環境を均一にコントロールすることができるため，薬が体の中でどのように代謝されるか，遺伝子やタンパク質が体の中でどのように働いているかなど，生理的機能を調べるために使うことができる．ヒトのデータは必ずしもヒトで集める必要はなく，適

切な実験動物と実験方法を選べば，より効率的に，より正確な実験データを得ることができる．

　実験動物の多くは哺乳類が占めている．その理由は，哺乳類は，遺伝子の数がおよそ 3 万と共通しており，解剖学的な体の構造や組織，臓器の果たす役割，そこで発現する遺伝子やタンパク質などが全般的にヒトとよく似ているためである．実験動物から得られた情報をヒトに当てはめることを専門用語として「外挿」と言うが（図 8.1），動物から得られた情報は，その動物の特徴や生理学的背景なども加味して，ヒトと比較しなければならない．ヒトと類似した哺乳動物を使って動物実験をすることが，よりヒトを理解し，ヒトの生命現象を解明するための近道になる．

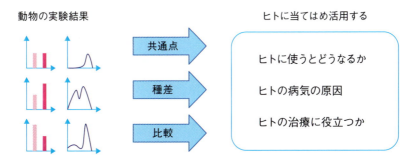

図 8.1　外挿とは
薬がヒトの体にどのように作用するのか？　ある遺伝子が体の中でどのように働いているのか，といったことを確かめるために，実験動物が用いられる．動物から得られた実験結果を，ヒトと動物の共通点や種差を慎重に考えながら，ヒトに当てはめることを「外挿」という．

8.1.2　実験動物に適した哺乳類

　実験動物を使う目的は，①生物そのものを理解し，ヒトの病気の原因を解明するための<u>研究</u>，②薬や洗剤などの安全性を調べるための<u>試験</u>，③ワクチンや生体材料などを生産するための<u>産業</u>，④動物や生命を学び，勉強するための<u>教育</u>，などがある（図 8.2）．

　実験動物として利用される哺乳類は，マウス，ラット，モルモット，ウサギ，

第 8 章 哺乳類でのゲノム編集の利用

> ① **研究**：生物の理解，病気の原因を探る
>
> ② **試験**：ヒトの体に触れる薬や洗剤の安全性試験
>
> ③ **製造**：医療用ワクチンや抗体の製造
>
> ④ **教育**：生命そのものについて学ぶこと

図 8.2　実験動物を使う目的

ブタ，サルなどがあげられる．実験動物の条件として実験室内で飼育することができ，実験処置を加えたり，観察したりできなければならない．人工的に繁殖したり，増殖したりすることができることも重要である．また，ある程度のサンプルの数がないと，得られたデータを比較することができない．

　実験動物のなかでも最も多く利用されているのは，マウス，ラットである（図 8.3）．どちらも鼠だが，マウスは，体長 6〜7 cm 程度，体重が 25〜40 g 程度で，いわゆるハツカネズミ，ラットは体長 20〜25 cm 程度，体重が 250〜400 g 程度で，ドブネズミである．どちらも妊娠期間が 20 数日で，大人になるまでにおよそ 2 か月，1 回の出産で 10 匹前後の仔ネズミが生まれるので，まさにネズミ算的に動物の数が増えていく．さらに，20 回以上の

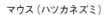

マウス（ハツカネズミ）　　　ラット（ドブネズミ）

図 8.3　マウス（左）とラット（右）
　実験用マウスとラットは，ゲノムシークエンス情報が早くから整備され，たくさんの近交系やクローズドコロニーが確立されている．また，SPF（specific pathogen free）とよばれる病原微生物がない部屋の中で飼育されている．実験の目的によって，マウスとラットを使い分けることが多い．

兄妹交配をすることで，遺伝的に均一な「近交系」とよばれる動物を利用することができる．この近交系は，父親からの遺伝子と母親からの遺伝子はすべて同じ状態（ホモ）になっており，兄弟の遺伝子もすべて同じになる．また部屋の温度や湿度，食べ物や育った環境をすべて同じようにすることができるため，遺伝と環境をコントロールしたより均一な，より正確な実験データを得ることができる．

8.1.3 哺乳類の有用性 ― モデル動物 ―

実験動物は，飼育している動物をそのまま実験に使うことが可能だが，実験的処置や遺伝子変異を加えることで，人為的にモデル動物を作製することもできる．ヒトの病気の病態に似せることで，その病気のモデルとして利用する場合は，「疾患モデル動物」とよばれる．

モデル動物は，①実験的に処置を加えることで，ヒトに似たような病気の症状を起こすような「実験的発症モデル」，②特定の疾患を自然発症した動物を系統化した「自然発症モデル」，③放射線や化学変異物質などを実験動物に与えることで人為的に遺伝子変異を誘発する「人為的変異誘発モデル」，④ES細胞やゲノム編集などによって動物の遺伝子を改変した「遺伝子改変モデル」，などが存在する（図8.4）．

① **実験的発症モデル**
感染や薬剤投与，食餌コントロールで発症させる

② **自然発症モデル**
飼育するうちに病気を自然発症した動物を系統化する

③ **人為的変異誘発モデル**
放射線や薬剤で「ランダムな」遺伝子変異を起こす

④ **遺伝子改変モデル**
ゲノム編集などにより「狙い通りの」遺伝子変異を起こす

図8.4 モデル動物の分類

第8章 哺乳類でのゲノム編集の利用

　実験的発症モデルは，例えば，動物にウイルスや細菌などの病原微生物を人為的に感染させることで病気を起こした感染症モデル，脂肪がたくさんの高脂肪食を食べさせて太らせた肥満モデル，膵臓を損傷させるような薬物を投与した糖尿病モデル，片側の腎臓を外科処置で摘出した高血圧モデルなどがある．これら疾患モデル動物は，再現性良く疾患を誘発することが可能で，長きにわたりヒト病気の研究に利用されており，ヒトの健康的な生活の維持に大きく貢献している．

　一方，マウスやラットを飼育室内で維持していると，突然病気を起こすことがある．その仔を見てみると，また同じ病気を起こすことが確認され，病気が遺伝することがわかる．これはその動物のある遺伝子に突然変異が起きることで，自然に病気を発症するようになった変異動物，いわゆる「ミュータント」である．また，高血圧や糖尿病，がんなどの成人病の場合は，その病気を発症する動物を選別して，交配することで，より重症な病気を発症するようなモデル動物を作ることもできる．単一，もしくは複数の遺伝子の突然変異により，その病気を自然に発症するようになった動物を自然発症モデルとよぶ．自然発症モデル動物は，ヒトと類似した病気の特性を示すことから，薬の効果を調べるときや，治療法の開発に非常に有用なモデルになる．

　ヒトの病気は多種多様であり，色々な病気のモデル動物をすべて取りそろえるのは困難である．そこで，ヒト疾患モデル動物をたくさん作製するために，放射線や化学変異物質を使って遺伝子にランダムな突然変異を誘発して作製するのが，人為的突然変異誘発モデルである．得られた動物の表現型や病気をきっかけに新規の原因遺伝子を探索するため，"phenotype-driven" あるいは順遺伝学ともよばれる．これに対して，特定の遺伝子を狙い通りに取り除いたり挿入したりして作製する動物を，遺伝子改変モデル動物とよぶ．遺伝子の改変から始めて，その結果を解析することから "gene-driven" または逆遺伝学ともよばれる．人為的突然変異誘発モデル，および，遺伝子改変モデルに関しては，次節以降でさらに詳しく述べる．

8.2 哺乳類の遺伝子改変

8.2.1 ミュータジェネシス（人為的突然変異誘発法）

人為的に，ランダムな場所へ変異を導入するミュータジェネシスの方法は，いくつか知られている．1930年代に初めて，X線を用いてマウスの変異体が作り出された[8-1]．X線照射は自然発生の20〜100倍という高い効率で変異が生じる．放射線を照射しDNA損傷を起こして変異体を得る方法も使われている．

1970年代末には，エチルニトロソウレア（ENU：N-ethyl-N-nitrosourea）という化合物を用いたミュータジェネシスが報告された[8-2]．オスのマウスにENUを投与して，精子のゲノムDNAに点突然変異を誘発し，次世代にさまざまな変異体を作ることができる．X線ミュータジェネシスが染色体転座や大規模欠失のように，ゲノムDNAの大きな突然変異を生じるのに対し，ENUミュータジェネシスはDNA1塩基の突然変異が生じる．ENUミュータジェネシスは，遺伝子機能のノックアウトだけでなく，機能の低下や獲得，アミノ酸置換など，幅広い遺伝子の解析が可能になる[8-3]．

8.2.2 トランスジェニック

トランスジェニック動物とは，ある遺伝子やDNA配列を外部から導入した動物のことをいう（図8.5）．最初の成功例は，1980年，ヘルペスウイルスのチミジンキナーゼ遺伝子をプラスミド（環状DNA）に組み込み，マウス受精卵の前核に打ち込んで作られた[8-4]．このトランスジーン（導入遺伝子）は，メンデルの法則に従って，次世代へ受け継がれることも確かめられた．トランスジェニック動物をわかりやすく示したのは，1982年に報告されたラット成長ホルモン遺伝子を導入したマウスである．このトランスジェニックマウスは，成長ホルモンを通常の800倍産生し，2倍の速度でラットのような体の大きさにまで成長したことから，スーパーマウスとよばれた[8-5]．

このようにトランスジェニックとして遺伝子を導入することで，その遺伝子が動物の体に与える影響を直接，調べることができる．異常な機能の遺伝

第 8 章 哺乳類でのゲノム編集の利用

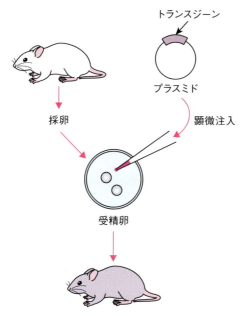

図 8.5 トランスジェニック法
トランスジェニック法により目的の遺伝子を動物個体へ導入する方法を示している．目的の遺伝子を含むプラスミド DNA を顕微注入（マイクロインジェクション）により動物の受精卵へ導入すると，プラスミド DNA は受精卵のゲノム DNA の中に挿入される．この受精卵を偽妊娠させた母親動物の子宮に戻してやることで，目的遺伝子が組み込まれたトランスジェニック動物が生まれてくる．

子の導入による疾患モデル動物の作製も行われている．トランスジェニックは，遺伝子が動物のゲノムのどこにいくつ組み込まれるかがわからないため，遺伝子の働きを阻害するノックアウトは困難だと思われていたが，特定の mRNA を阻害するような配列のトランスジーンを導入することで，狙った遺伝子をノックアウト，あるいはノックダウン（遺伝子の発現を抑える）

することが可能になった[8-6].

8.2.3 ES 細胞

人為的突然変異誘発法やトランスジェニックでは，特定の遺伝子をターゲットにすることが難しい．1980年代から90年代にかけてマウスのES細胞が作られ，遺伝子改変動物を安定的に作製できるようになったことで，この状況が一変した．

「129」とよばれるマウスから分離された胚性腫瘍細胞（EC細胞：embryonal carcinoma cell）と呼ばれる細胞は，体の色々な細胞に分化することができる（分化多能性）．このEC細胞と正常なマウスの細胞とを混ぜて，母親の体の中にもどすと，EC細胞と正常マウスの細胞が混在した「キメラマウス」が生まれてくることがわかった[8-7]．1981年に，エヴァンス（Martin Evans）らは，129マウスの胚（内部細胞塊）からEC細胞よりも優れた分化多能性をもつES細胞を作ることに成功した[8-8]．さらに，スミシーズ（Oliver Smithies）とカペッキ（Mario Renato Capecchi）らは，このES細胞の中で「相同組換え」によって，標的遺伝子と外来のトランスジーンを入れかえることに成功し，効率よく遺伝子改変マウスを作製する技術を確立した[8-9]（図8.6）．2007年，このES細胞を使い，目的の遺伝子を組み換えたマウスを作製する技術が評価され，エヴァンス，スミシーズ，カペッキはノーベル賞を受賞している．

相同組換えは，狙った遺伝子に組換えを起こし，その遺伝子を欠失することができるため，ノックアウト動物を作製することが可能である．また，特定の遺伝子を除いて，代わりに外来の遺伝子を組み込むノックインを行うこともできる．このように，ES細胞を使えばマウスの遺伝子を自由自在に書き換えることができるようになり，ES細胞による遺伝子改変マウスの作製技術は，爆発的に普及した（図8.7）．一方で，ES細胞が確立されることがなかったマウス以外の哺乳動物（ラット，ウサギ，ウシ，ブタ）では，トランスジェニック動物の作製は可能であったが，ノックアウト動物を作製することはできなかった．

第8章 哺乳類でのゲノム編集の利用

図 8.6　ES 細胞を用いた遺伝子ノックアウト
ES 細胞を用いた遺伝子ノックアウト動物の作製方法を示す．目的とする遺伝子と相同な配列（ホモロジーアーム）を含むターゲティングベクターを ES 細胞に導入したのち，正しく組換えが起きたものだけを選抜する．ターゲティングベクターには薬剤耐性配列が含まれており，培地に毒性のある薬剤を添加することで，組換えの起きていない細胞はふるい落とされる．この ES 細胞を受精卵に注入して移植すると，全身に ES 細胞が分散したキメラ動物が得られる．このうち ES 細胞由来の生殖細胞系列をもつキメラ同士を交配して，目的のノックアウト動物を樹立する．

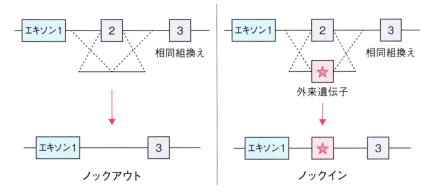

図 8.7 相同組換えによるノックアウト・ノックイン
相同組換えによるノックアウト・ノックインの概要を示す．左図（ノックアウト）では，抜き取りたいエキソン 2 の上流配列と下流配列（ホモロジーアーム）で構成される断片が相同組換えを受け，エキソン 2 がなくなっている．右図（ノックイン）では，挿入したい配列をホモロジーアームで挟んだ断片が相同組換えを受け，エキソン 2 と目的の挿入配列が入れ替わっている．

8.2.4 クローン

　細胞から取り出した核を，核を除いた卵子に移植することで，元の細胞とゲノム情報がまったく同じ動物を作ることができる．この技術をクローンという（図 8.8）．遺伝子改変を行った細胞の核からクローンを作れば，遺伝子改変動物を得ることもできる．

　1997 年，世界で初めて，クローン羊のドリーが作製されて，大きな話題となった[8-12]．さらに，若山照彦らによって，世界で初めてクローンマウスが報告された[8-13]．ちなみに，iPS 細胞のきっかけにもなったガードン（John Bertrand Gurdon）らが行った研究は，アフリカツメガエルの体細胞から取り出した核を，染色体を破壊した未受精卵に移植して，個体を復元したもので，体細胞クローンの草分け的研究でもある[8-10]．ES 細胞を必ずしも必要としないクローン技術は，凍結しておいたわずかな体細胞から動物を復元することもできるなど，さまざまな利用方法もある．また，ES 細胞が利用でき

第 8 章　哺乳類でのゲノム編集の利用

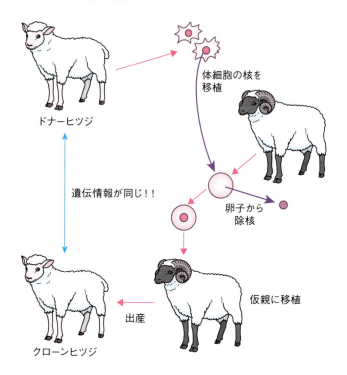

図 8.8　クローン動物の作製法
クローンヒツジの作製法の概要を示している．ドナー（提供者）ヒツジの体細胞からゲノム DNA が含まれている「核」を抜き取り，レシピエント（受け手）ヒツジの卵子から核を取り除いた後に，ドナーの核を注入する．この核移植した卵子を仮親に移植することで，生まれてくるヒツジは，ドナーと遺伝情報が同じクローンヒツジとなる．

ないマウス以外の動物において，遺伝子改変動物の作製に利用することができる．

8.3　哺乳類のゲノムを自在に書き換える

8.3.1　ゲノム編集の登場

　順遺伝学として，自然発症モデル動物やミュータジェネシスを使ったモデル動物が，逆遺伝学としては，トランスジェニック動物，ES 細胞によるノッ

クアウトマウスなどが作製されてきた．ES細胞により遺伝子をノックアウトするだけではなく，遺伝子を挿入したり置換したりするノックインマウス，脳や肝臓などのある組織だけで遺伝子をノックアウトするコンディショナルノックアウトマウスなども登場し，今では遺伝子機能を個体レベルで解析するための必要不可欠なツールになっている．

マウスは，体が小さく飼育スペースを有効に使える哺乳類であり，多くの研究者は，実験動物としてマウスを利用している．一方，ラットは，マウスの10倍程度の体の大きさで，血液や細胞のようなサンプルが多く採れ，いろいろな実験処置や外科的処置がやりやすい．学習能力が高く，記憶・行動実験などにもよく利用される．その他のモデル動物としては，マウスやラットは血液中の脂質代謝がヒトと異なるため，ウサギが高脂血症や動脈硬化のモデルとして利用されている．さらに，ヒト脳の大脳皮質の構造，あるいは記憶や感情といった脳の機能を研究しようとする場合は，サルがモデル動物として利用される．これらマウス以外のモデル動物では，ES細胞による遺伝子改変技術が利用できなかったために，実験処置モデルやトランスジェニック動物の作製は可能であったが，ノックアウトなどの遺伝子改変動物の作製は，不可能であった．

この状況を変えたのが，DNAの二本鎖を切断する人工DNA切断酵素を応用した，いわゆる「ゲノム編集」である（図8.9）．ゲノム編集技術を用いることで，ES細胞を使わずに哺乳動物の受精卵で目的遺伝子の組換えが

① **作製期間**：短期間で遺伝子改変動物を作製することができる
（マウス，ラットの場合は1〜2か月）

② **作 業 量**：受精卵の操作だけで良く，簡単！
（ES細胞で組換え操作をする必要がない）

③ **利用範囲**：さまざまな動物（ラット，ウサギ，サルなど）で可能
（ES細胞はマウスしかできなかった）

図 8.9　哺乳動物におけるゲノム編集のメリット

第 8 章　哺乳類でのゲノム編集の利用

可能になった．これは，切断された DNA を修復する過程で，受精卵の中で高効率に塩基の挿入，欠失，あるいは相同組換えが起こるためである．トランスジェニック動物の作製のときと同じように，ゲノム編集によって DNA の組換えを起こした受精卵を，母親の体に戻すことで，マウスに限らず色々な動物の遺伝子改変を行うことができる（図 8.10）．実際にゲノム編集技術の登場により，ラット，ハムスター，ウサギ，ブタ，ヤギ，ウシ，マーモセットやカニクイザルなど，マウス以外の実験動物で，次々と遺伝子改変の成功が報告された．

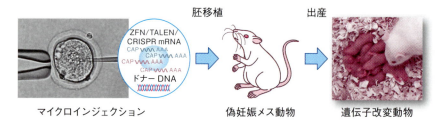

図 8.10　ゲノム編集による遺伝子改変動物の作製
ゲノム編集により，マウスやラットで遺伝子改変動物を作製する方法を図に示している．まず必要な核酸（DNA や mRNA など）をあらかじめ準備した動物の受精卵へ顕微注入（マイクロインジェクション）する．核酸を注入した受精卵を偽妊娠誘起したメスの卵管内に移植して，出産させる．ZFN, TALEN, CRISPR のどれも，遺伝子改変動物の基本的な作製方法は共通である．

8.3.2　ジンクフィンガーヌクレアーゼ（ZFN）

1996 年のジンクフィンガーヌクレアーゼ（ZFN：zinc finger nuclease）は，はじめて報告されたゲノム編集技術であった[8-15]．特定の DNA 配列を認識して切断する「制限酵素」は，長いゲノム DNA やプラスミド DNA を切断する際に用いられているが，制限酵素が認識できる配列は，およそ 200 種類にすぎない．ZFN は，思い通りの DNA 配列を認識して切断できる人工制限酵素として，はじめて登場した．

ZFN は，もともと二本鎖 DNA に結合するタンパク質として知られていた

ジンクフィンガーと，DNAを切断する酵素のFokIのDNA切断ドメインを結合させた人工タンパク質である．ジンクフィンガーは，約30個のアミノ酸残基の指のようなループ状構造と，その基底部に亜鉛イオンを保有することから命名されている．1つのジンクフィンガータンパク質は，A, T, G, Cの中のある特定の3塩基を認識するため，64種類（＝4×4×4）のジンクフィンガータンパク質を組み合わせることで，あらゆるDNA配列を認識して，切断することができる（図8.11）．

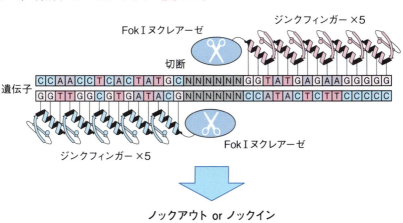

図8.11 ジンクフィンガーヌクレアーゼ（ZFN）
ジンクフィンガーとFokIのDNA切断ドメインを結合させた人工タンパク質であるジンクフィンガーヌクレアーゼ（ZFN）は，動物の遺伝子の特定の配列を認識して，切断することができる．

ZFNにより切断されたDNA配列は，細胞や受精卵の中で切断をもと通りに修復することができずに，切断された箇所の近傍のDNA配列が一部欠失，あるいは短いDNA配列が挿入される（NHEJ；非相同末端結合）ことがある．このようにして導入された欠失（挿入）変異は，遺伝子のフレームシフトやスプライシング異常を引き起こし，遺伝子を完全に破壊，つまり「ノックアウト」することになる．あるいは，ZFNにより切断が生じた際に，似たようなDNA配列が近傍に存在すれば，相同組換え（HR）が生じるため，似たようなDNA配列が取り込まれる，いわゆる「ノックイン」を起こす．こ

のノックアウト，およびノックインの方法は，ZFNに限らず，後に述べるTALENやCRISPR-Casでも同様である．

　ZFNを利用して，マウスやラットで遺伝子改変動物を作製する概要を示す．はじめに，標的とする遺伝子のDNA配列を認識するようにデザインしたZFNプラスミドを準備する．切断したいDNA配列を挟む2つのZFNプラスミドが必要となる．これら2つのZFNプラスミドからmRNAを転写し，あらかじめ準備した動物の受精卵へ顕微注入（マイクロインジェクション）する．ZFNを注入した受精卵を偽妊娠誘起したメスの卵管内に移植して，出産させる．この方法は，RNAを利用する以外は，従来のトランスジェニック動物を作製する方法と，まったく同じである．このように，以前はES細胞で遺伝子改変を行ってから，キメラ動物を作製して，ノックアウトマウスが作製されていたが，ZFNを動物の受精卵に導入するだけで簡単に，遺伝子改変動物を作製することが可能になった．

　これまでの筆者らの結果および他グループの結果から，ZFNを注入して産まれてきた動物の約2割から3割の個体にノックアウトが導入されていた．さらに特定の1塩基を書き換えて，SNP（一塩基多型）を再現することや，緑色蛍光タンパク質GFP遺伝子のDNA配列を特異的に挿入したノックイン動物の作製も報告されている[8-16]．

8.3.3　TALEヌクレアーゼ（TALEN）

　2009年，新しいDNA結合タンパク質として，植物病原菌キサントモナス属がもつTALE（transcription activator-like effector）タンパク質が発見されると，翌年にはTALEとFokIのDNA切断ドメインを組み合わせたTALEN（TALEヌクレアーゼ）によるゲノム編集が報告された[8-17]．ZFNはジンクフィンガー1つが3塩基を認識するのに対し，1つのTALEは1塩基を認識するため，A，T，G，Cのそれぞれ4種類のDNAを認識するTALEタンパク質を組み合わせるだけで，比較的簡単に標的とするDNA配列を認識することができる．

　筆者らは，広島大学の山本 卓らとの研究により，チロシナーゼ遺伝子を

8.3 哺乳類のゲノムを自在に書き換える

図 8.12　毛色に関する遺伝子のゲノム編集動物
毛色を決める遺伝子（チロシナーゼ）をノックアウトして得られたアルビノラット．本来なら暗褐色になるはずが，全身が真っ白になっている．生まれたときに，体の半分だけがゲノム編集されたモザイクなラットも存在する．

標的とする TALEN プラスミドを作製した．チロシナーゼは，肌の色が黒くなるメラニン色素の合成に関わる遺伝子で，動物ではチロシナーゼが欠損すると，体毛が白くなる色素欠乏症，いわゆる「アルビノ」になる．TALEN プラスミドから作製した mRNA を受精卵にマイクロインジェクションした結果，チロシナーゼ遺伝子のノックアウトラットを作出することに成功した（図 8.12）．さらに TALEN と一緒に，DNA 分解酵素のエキソヌクレアーゼ（Exo1）タンパク質を受精卵に注入することで，ノックアウト動物の作製効率を大幅に上昇させることに成功し，生まれてきた動物の多くが真っ白なアルビノであった[8-18]．また，山本らが TALEN を改良して作製した高効率型の Platinum TALEN を用いることで，単独でも高効率なノックアウト動物を作製することが可能となった[8-19]．

8.3.4　CRISPR-Cas9

CRISPR（clustered regularly interspaced short palindromic repeats）とは，リピート配列とスペーサー配列の繰り返しによって構成されるゲノム領域のことで，石野良純（第 2 章）らにより大腸菌で最初に発見された．*Cas* 遺伝子（CRISPR-associated genes：Cas9 は，*Cas* 遺伝子の 1 つ）は，真正細菌や古細菌のゲノムの中でいつも CRISPR 配列の近くに存在し，DNA を分解するヌクレアーゼ活性をもつ．CRISPR-Cas9 は，細菌に感染したファージ

由来のDNA配列を自分のCRISPR配列へ取り込み，2回目のファージ感染を防御することから，原核生物の獲得免疫機構として知られている．

2012年，シャルパンティエ（Emmanuelle M. Charpentier）とダウドナ（Jennifer A. Doudna）らは，人工的に合成された一本鎖のガイドRNA(sgRNA)が標的配列を認識し，化膿レンサ球菌由来のCas9を誘導して，任意のDNA配列を切断できると報告した[8-20]．これはCRISPR-Cas9がZFNやTALENと同様に，自由なゲノム編集ができることを初めて実験的に示したものである．ZFNやTALENと異なり，DNA結合ドメインとヌクレアーゼドメインを人工的に結合する必要がないため，簡単にゲノム編集を行うことができる．また，異なるDNA配列を認識する複数のsgRNAを同時に導入することで，複数の遺伝子を同時にノックアウトすることもできる．sgRNAは，約100塩基ほどの短いRNA配列で，簡単に準備することができる．Cas9も，たくさん準備して保存しておけば，繰り返し利用することができる．CRISPR-Cas9のメリットは，このように非常に簡便に，かつ高い切断効率で，ゲノ

図8.13 CRISPRに関する論文数の推移
2012年，CRISPRによるゲノム編集が初めて報告されてから，CRISPRを使った研究が爆発的に増加している．

ム編集が可能な点にある．これまで ES 細胞により 1〜2 年かけて遺伝子改変動物の作製が行われていたが，ZFN や TALEN を利用することで 4 か月程度に，さらに CRISPR-Cas9 により 1, 2 か月程度で，遺伝子改変動物を作製できるようになった．2012 年 8 月にシャルパンティエとダウドナの論文が発表されてから，年内に 65 報，2013 年に 281 報，2014 年 606 報，2015 年 1248 報と，CRISPR に関する論文は急増している（図 8.13）．

　筆者らは，再びチロシナーゼ遺伝子を標的とした sgRNA を設計し，Cas9 mRNA と共に受精卵へ導入することで，効率よくアルビノラットを作り出すことに成功した．

　有色ラットをアルビノに変えられるなら，アルビノを有色に戻すこともできるだろうか．CRISPR-Cas9 を使って，ノックインも効率よく作製できる．筆者らが作製したアルビノラットと異なり，もともとアルビノとして生まれてくるラットは，チロシナーゼ遺伝子に 1 塩基の突然変異をもっていることがわかっている．この 1 塩基の変異をもとに戻すため，sgRNA, Cas9 mRNA と一緒に，変異の無い野生型 DNA 配列を含む一本鎖オリゴ DNA を受精卵へマイクロインジェクションした．結果，相同組換えにより一塩基変異が正しくノックインされ，野生色になったラットが生まれてきた[8-21]．この他にも筆者らは長い DNA 配列のノックインに成功しており，例えば緑色蛍光タンパク質である GFP 配列のノックインラット（図 8.14）や，およそ

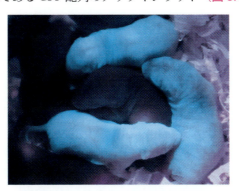

図 8.14　緑色蛍光タンパク質（GFP）をノックインしたラット
（3 色印刷のため緑色の蛍光は青色で表現した）

20万塩基のDNA配列を含むバクテリア人工染色体（BAC）プラスミドのノックインにも成功している[8-22].

このように，これまではなかなか作れなかったノックアウト動物，あるいはノックイン動物が，CRISPR-Cas9の登場によりいとも簡単にできるようになったことで，モデル動物の新時代が到来している[8-23].

8.4　医療応用を目指したゲノム編集と，これから

1991年に始まったヒトゲノムの全塩基配列を解読する「ヒトゲノム計画」は，2003年に完了し，その後，マウス，ラット，ウサギ，サルなど多くの哺乳動物のゲノム解読が実施された．ヒトや哺乳動物のゲノム解読が終わると，約3万個ある遺伝子それぞれが体の中でどのように働いているかに注目が集まった．さらに，非コードRNAや遺伝子転写調節領域（エンハンサー）など，働きがわからないものがたくさん出てきた．「ヒトゲノムを読む」計画の開始から25周年を迎えて，研究者は次に，ヒトゲノムをすべて人工合成して，ヒト遺伝子や細胞，生物までも作製するという「ヒトゲノムを書く」プロジェクトを立ち上げようとしている[8-24]．これはいわばヒトゲノム計画の第二段階であるが，ゲノム編集技術を活用すれば動物にヒトゲノムを書くことができる．これを「ヒト化動物」と言うが，ゲノムの理解から利用へステップアップするなかで，ヒト化動物に寄せられる期待も増している．

筆者らも，現在このヒト化動物の作製を行っている（図8.15）．ヒト化動物は，次の2つに分けられる．①ゲノム編集技術により，ヒトのゲノム領域，遺伝子，あるいはヒト疾患の元になる遺伝子変異などを哺乳動物に組み換えることで，ヒト遺伝子をもった動物を作製する．あるいは，②ヒト細胞や組織，臓器そのものを哺乳動物，特に拒絶反応のない免疫不全動物に移植することで，ヒト細胞，組織をもった動物を作製する．前者①のヒト化動物では，ヒト病気の変異遺伝子の影響を成長した動物の体の中で調べることができる．また，マウスやラットがもっていないヒト特有の遺伝子や代謝経路などを，ヒト化動物で調べることもできる．筆者らは，免疫に関係するラットの*Sirpa*遺伝子をノックアウトした上で，ヒト*SIRPA*遺伝子をノックインした

8.4 医療応用を目指したゲノム編集と，これから

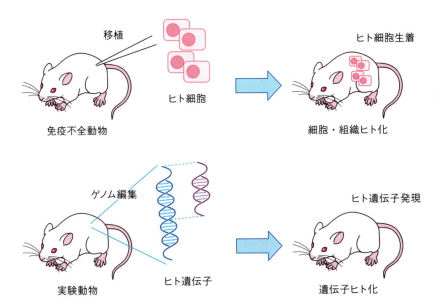

図 8.15 ヒト化動物とは
ヒト化動物は大きく分けて2通りである．(上) ゲノム編集により免疫力を弱めた免疫不全マウスにヒト細胞を移植しても，ヒト細胞が排除されることなくマウスの体の中で機能し始める (生着). 動物の体の中で細胞や組織がヒト化されている．(下) ゲノム編集によってマウス遺伝子をノックアウトして，ヒト遺伝子をノックインすることで，マウスの体の中でヒト遺伝子が発現したヒト化動物となる．

ヒト化動物の作製に成功している[8-22]．これにより，従来難しかったラットを用いたヒト免疫研究ができるようになった．後者②のヒト化動物は，哺乳動物の体内でヒト細胞，臓器を使った実験ができるため，ヒト生理機能やヒト病態特性を動物の体で調べることができる．すでにマウスでは，ヒト化動物として優れた免疫不全モデルが作製されており，血液サンプルを採取したり，iPS細胞由来の組織を移植したりする目的で利用されている．また創薬，非臨床試験，再生医療研究などにとっても，なくてはならないモデル動物になっている．

　哺乳動物の受精卵でのゲノム編集とは別に，「*in vivo* ゲノム編集」という

第 8 章　哺乳類でのゲノム編集の利用

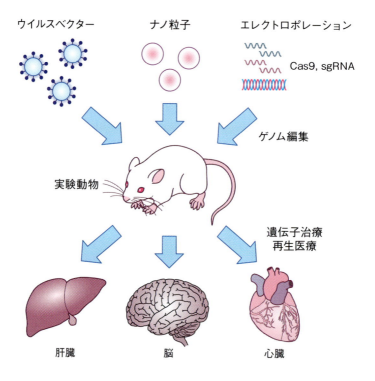

図 8.16　*in vivo* ゲノム編集
マウスやラットなど動物の体の細胞で直接，ゲノム編集することを *in vivo* ゲノム編集という．ウイルスベクターやナノ粒子，エレクトロポレーション法によって Cas9, sgRNA を体の細胞に運び，肝臓や脳，心臓などの組織でゲノム編集することができる．*in vivo* ゲノム編集はヒトでも行うことが可能であり，遺伝子治療や再生医療に利用される．

方法がある（図 8.16）．*in vivo* とは「生体内で」という意味だが，体全体ではなく，体の一部の細胞の中でだけゲノム編集しようという技術である．体の一部の細胞に CRISPR-Cas9 を運ぶツールとしては，病原性のないウイルスベクターがよく使われる．最新の研究では，アデノ随伴ウイルスベクターに Cas9 と sgRNA を載せ，マウスの肝細胞まで運ばせて，標的遺伝子をノックアウトすることに成功している[8-24]．別の研究では，母親の子宮内の胎仔

の脳へ直接，電気的な方法（エレクトロポレーション）で CRISPR-Cas9 を導入し，相同組換えによる *in vivo* ノックインに成功している[8-25]．*in vivo* ゲノム編集は，動物の体細胞で簡単にゲノム編集できることから，遺伝子治療を目指した研究や，再生医療の研究に利用される．

　ゲノム編集が登場して，特に，CRISPR-Cas9 が利用されるようになり，生命科学研究に携わる者の考え方が大きく変わった．動物での遺伝子改変に，種の壁は無くなり，あらゆる人が簡単に利用できる技術になり，遺伝子改変動物を作製するために必要な時間も大幅に短くなった．2015 年，ヒト受精卵におけるゲノム編集が中国から報告された．ゲノム編集がヒト遺伝子治療にとって重要な技術であることは間違いのないことだが，倫理や安全性，人々の十分な理解のもとにゲノム編集研究が進められるべきである．また安全性をしっかりと見極めるためにも，様々な哺乳動物での受精卵をモデルとして，ゲノム編集を行っていく必要がある．

　2016 年，日本ゲノム編集学会が設立された[*8-1]．学会では，色々な動物や細胞，植物などでゲノム編集を行っている研究者が集い，ゲノム編集技術やこの技術を利用した研究について議論を行っている．若手研究者や，この技術を始めたばかりの研究者には，実験のプロトコールやコツを伝える技術講習会を開催している．また，ゲノム編集を利用する企業やバイオベンチャーとの産学官連携により，日本のゲノム編集研究開発の発展を推進している．そしてもちろん，ゲノム編集に関する正しい情報や倫理的なスタンダードを社会と共有するという役目もある．

8 章 参考書

笠井憲雪ら（2009）『現代実験動物学』朝倉書店．

野田哲生 監訳（1995）『ジーンターゲティング』MEDSi．

畑田出穂ら（2014）実験医学，**32**(11): 1690-1742.

真下知士・城石俊彦 監修（2015）『進化するゲノム編集技術』, NTS.

---

*8-1　http://jsgedit.jp

第8章　哺乳類でのゲノム編集の利用

八木　健 編 (2000)『ジーンターゲティングの最新技術』羊土社.
山村研一ら（1995）『蛋白質核酸酵素・トランスジェニック動物』共立出版.
結城　惇（2001）『トランスジェニック動物の開発』CMC.

8章 引用文献

8-1) Snell, G. D. (1935) Genetics, **20**: 545-567.

8-2) Russel, W. L. *et al.* (1979) Proc. Natl. Acad. Sci. USA, **76**: 5818-5819.

8-3) Abraham, A. A. *et al.* (2008) Annu. Rev. Genomics Hum. Genet., **9**: 49-69.

8-4) Gordon, J. W. *et al.* (1980) Proc. Natl. Acad. Sci. USA, **77**: 7380-7384.

8-5) Palmiter, R. D. *et al.* (1982) Nature, **300**: 611-615.

8-6) Katsuki, M. *et al.* (1988) Science, **241**: 593-595.

8-7) Paraioannou, V. E. *et al.* (1978) J. Embryol. Exp. Morph., **44**: 93-104.

8-8) Evans, M. J., Kaufman, M. H. (1981) Nature, **292**: 154-156.

8-9) Mansour, S. L. *et al.* (1988) Nature, **336**: 348-352.

8-10) Gurdon, J. B. (1962) J. Embryol. Exp. Morph., **10**: 622-640.

8-11) Slack, J. M. W. (2002) Nat. Rev. Genet., **3**: 889-895.

8-12) Wilmut, I. (1997) Nature, **385**: 810-813.

8-13) Rideout, W. M. 3rd *et al.* (2000) Nat. Genet., **24**: 109-110.

8-14) Chang, T. *et al.* (2010) Nature, **467**: 211-213.

8-15) Kim, Y-G. *et al.* (1996) Proc. Natl. Acad. Sci. USA, **93**: 1156-1160.

8-16) Cui, X. *et al.* (2011) Nat. Biotechnol., **29**: 64-67.

8-17) Christian, M. *et al.* (2010) Genetics, **186**: 757-761.

8-18) Mashimo, T. *et al.* (2013) Sci. Rep, **3**: 1253.

8-19) Sakuma, T. *et al.* (2013) Sci. Rep., **3**: 3379.

8-20) Jinek, M. *et al.* (2012) Science, **337**: 816-821.

8-21) Yoshimi, K. *et al.* (2014) Nat. Commun., **5**: 4240.

8-22) Yoshimi, K. *et al.* (2016) Nat. Commun., **7**: 10431.

8-23) Reardon, S. (2016) Nature, **531**: 160-163.

8-24) Boeke, J. D. *et al.* (2016) Science, aaf 6850.

8-25) Ran, F. A. *et al.* (2015) Nature, **520**: 186-191.

8-26) Mikuni, T. *et al.* (2016) Cell, **165**: 1-15.

8-27) Lanphier, E. *et al.* (2015) Nature, **519**: 410-411.

第9章　植物でのゲノム編集の利用

安本周平・村中俊哉

> 本章では植物（主に高等維管束植物）におけるゲノム編集技術の利用に関して概略をまとめる．植物においてゲノム編集技術は，新しい植物育種技術（NPBT：new plant breeding techniques）の1つとして挙げられ，ランダムな変異を導入する従来法では作出が困難であった植物体，作物を容易に作製可能とする技術であることから広く注目されている．本章では，ゲノム編集技術の基礎研究への応用から，実用作物の育種，今後の規制までをまとめる．

9.1　実験モデルとしての特徴

　植物は光合成によって二酸化炭素と水，光エネルギーから有機化合物を合成する生産者であり，生態系の中で重要な働きを担っている．また，世界人口は急激に増加しており，食料生産のさらなる増加が求められている．この食料需要の増加に応えるためには，作物育種による生産性の向上が必要となる．農作物としての植物は，遺伝的にヘテロ性が高く，多倍体（polyploid）である場合が多く（ジャガイモは同質四倍体，コムギは異質六倍体），ランダムな変異誘導による従来の育種法では有用形質を偶然に頼って蓄積してきた．また，ある植物で適用可能な技術が，他の植物種へ直接適応できる場合は稀であり，植物種によって実験操作の最適化を行う必要がある．

9.1.1　植物における形質転換法

　細胞は細胞壁に守られているため，マイクロインジェクションやトランスフェクションといった他の生物種で利用される遺伝子導入法が困難である場合が多い．そのため多くの場合，土壌細菌を用いたアグロバクテリウム法，あるいは遺伝子銃（gene gun）を用いたパーティクルガン法などによって植

物の形質転換が行われている．

　アグロバクテリウム法（図9.1）では植物病原菌である*Rhizobium*属細菌（従来は*Agrobacterium*属として分類されていたが，各種系統解析の結果，*Rhizobium*属へ分類された．本章では慣用的に使用されているアグロバクテリウムという名称を使用する）と，バイナリーベクターとよばれる特殊なプラスミドを用いて植物の形質転換が行われる．

　野生型のアグロバクテリウムは植物に感染することで，クラウンゴールドとよばれる腫瘍や，不定根を形成させる．この現象はこの土壌細菌が保持するTi（<u>t</u>umor-<u>i</u>nducing）プラスミドあるいはRi（<u>r</u>oot-<u>i</u>nducing）プラスミドとよばれる巨大なプラスミドDNA上の，T-DNA（<u>t</u>ransfer-DNA）とよばれるRB（<u>r</u>ight <u>b</u>order）とLB（<u>l</u>eft <u>b</u>order）配列に挟まれた領域中に存在する植物ホルモン合成酵素遺伝子が植物細胞に移行することにより，宿主細胞のホルモンバランスを乱すことによって引き起こされる．T-DNA上にはオピンとよばれる特殊なアミノ酸の生合成に関与する酵素遺伝子もコードされており，この代謝物はアグロバクテリウムの栄養となる．T-DNA領域の複製と植物細胞への移行には*vir*遺伝子が関与しており，これらはTiプラスミドのT-DNA外の領域に存在しており，傷害を受けた植物細胞から放出されるアセトシリンゴンなどの低分子化合物を受容することによって発現が誘導される．

　アグロバクテリウムを用いて植物に遺伝子導入を行う場合，T-DNA領域を欠損させたTiプラスミドを保持する菌株を用意し，そこへバイナリーベクターとよばれるT-DNA領域を保持するプラスミドDNAを導入する．このT-DNA領域はRB，LBを両端にもち，その間に植物細胞へ導入したい遺伝子配列を含んでいる．バイナリーベクターを導入したアグロバクテリウムを対象の植物細胞へ感染させることで，バイナリーベクター上のT-DNAが複製により一本鎖DNAとして形成され植物細胞へ移行する．アグロバクテリウムを感染させた植物細胞のうち，T-DNAが染色体へ挿入されるものの割合はかなり低いため，抗生物質などに対する耐性など，適切な方法で形質転換細胞を選抜することで形質転換植物体を得る．

第9章 植物でのゲノム編集の利用

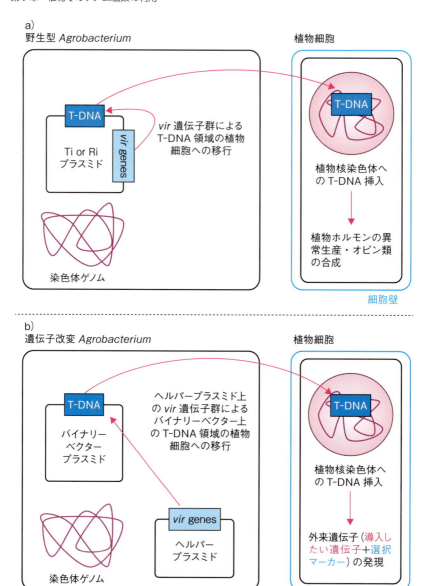

図9.1 ①　アグロバクテリウム（*Agrobacterium*）による植物細胞への遺伝子導入
（説明は次ページ）

c) 野生型 Ti プラスミド上の T-DNA

d) 形質転換用に改変されたバイナリーベクター上の T-DNA

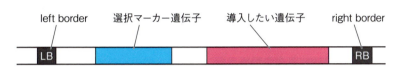

図 9.1 ②　アグロバクテリウム（*Agrobacterium*）による植物細胞への遺伝子導入

野生型の *Agrobacterium* は Ti プラスミドとよばれる巨大な（数百 kb）環状 DNA を保持している（a）．植物細胞から傷害時に放出されるアセトシリンゴンなどのフェノール化合物を受容することにより，Ti プラスミド上の *vir*（*virulence*）遺伝子群が活性化され，LB（left border），RB（right border）間の T-DNA（transfer-DNA）の植物細胞・染色体 DNA への挿入が引き起こされる．T-DNA 上にはオーキシンやサイトカイニンといった植物ホルモン，およびオピンとよばれる特殊なアミノ酸の生合成酵素遺伝子がコードされており（c），T-DNA が挿入された植物細胞の異常増殖とアグロバクテリウムの栄養となるオピンの合成が引き起こされる．

アグロバクテリウムを植物遺伝子組換えに用いる場合，取り扱いの容易なバイナリーベクター系が用いられる（b）．本方法では，Ti プラスミドから T-DNA 領域を欠損させたヘルパープラスミドを保持するアグロバクテリウムへバイナリーベクターとよばれるプラスミド DNA を導入する．バイナリーベクターは Ti プラスミドと比較してサイズが小さいため，プラスミドの構築が容易である．バイナリーベクター上の T-DNA 上に植物細胞へ導入したい遺伝子配列を配置しておくことで（d），ヘルパープラスミド上の *vir* 遺伝子群の働きにより，植物細胞へ任意の DNA 配列を挿入することが可能となる．

第 9 章　植物でのゲノム編集の利用

　パーティクルガン法（図 9.2）は，植物細胞に導入したい遺伝子配列を含む DNA を金やタングステンなどの微細粒子にコートし，高圧ガスの力を用いた遺伝子銃により植物細胞へ物理的に打ち込む方法である．アグロバクテリウム法と同様に，遺伝子導入後の細胞を適切な方法で選抜することで形質転換植物体を得る．

　これらの遺伝子導入方法で作出された形質転換体は外来遺伝子（DNA）が染色体上のランダムな位置に挿入されるため，遺伝子機能の解析などでは外来遺伝子の挿入位置やコピー数による影響を除外するために，複数ラインの形質転換体を用いる必要がある．

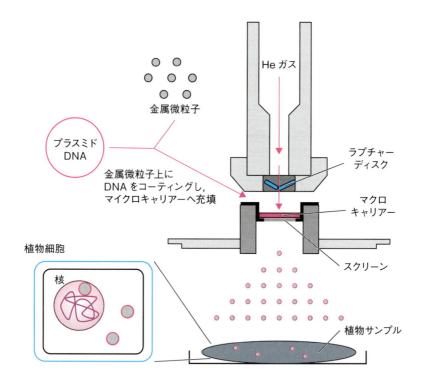

図 9.2　パーティクルガンによる植物細胞への遺伝子導入
　導入したい DNA を金，あるいはタングステンの微粒子上へコーティングし，高圧ガスによって，植物細胞へ物理的に DNA を導入する．

以上は外来DNAを植物染色体ゲノムへ導入した形質転換体を取得する方法である．

9.1.2　植物における一過性発現法

他に，植物細胞において一過的に外来遺伝子を過剰発現させる方法として，プロトプラスト/PEG法とよばれる方法がある(図9.3)．植物細胞はセルロースやヘミセルロースなどからなる細胞壁によって覆われているため，外来のDNAを取り込むことが困難であるが，セルラーゼなどの酵素によって植物細胞を処理することで，細胞壁を取り除き，細胞膜のみで守られたプロトプラストとよばれる状態となる．プロトプラスト/PEG法では，プロトプラストとポリエチレングリコール（PEG），そして導入したいDNAを混合することで，植物細胞へ外来DNAの導入を行う．DNAが導入されたプロトプラストのうち，一部は外来DNAが染色体へ挿入されるが，一部は一過的に外来遺伝子の発現が起こった後に，外来DNAの分解が起こるため，一過性の発現となる．外来DNAを導入したプロトプラストは，理論上は，適切な植物ホルモン濃度・培養条件を整えることで，細胞壁の再生，細胞増殖の後，完全な植物個体を再生可能である．人工DNA切断酵素を利用してゲノム編集を行う場合，標的遺伝子へ変異が導入された後は，その発現ベクターが不

図9.3　プロトプラストの調製とトランスフェクション
植物体（葉など）を裁断し，セルラーゼやペクチナーゼを含む浸透圧を調整した酵素溶液中でインキュベートすることで，細胞壁が失われたプロトプラスト細胞が得られる．プロトプラストとポリエチレングリコール（PEG），導入したいDNAを混合することで，外来遺伝子の一過的な発現が可能となる．また，プロトプラストは，適切な培養条件下で細胞壁の再生と細胞分裂が再開し，植物個体を再生することが可能である．

要となるため，一過的発現系であるプロトプラスト/PEG法はゲノム編集において有用な手法である[9-1]．しかし，使用する植物種やプロトプラストの単離源の組織の差，操作者の熟練度などにより，その形質転換効率や個体再生の効率が異なるため，すべての植物種で幅広く使える技術であるとは言い難い．

9.2 これまでの遺伝子改変法や機能解析法の概説

9.2.1 ランダムミュータジェネシスによる変異導入

人類は古代から，自然発生変異を用いて有用な形質を示す作物を選抜してきた．古くは紀元前から，自然発生した有用形質を示す品種同士を掛け合わせ，次世代をスクリーニングし，人類にとって有用な形質（生産性，背丈，味，耐病性など）を示す品種を作出してきた．また，遺伝学研究に必要な変異株を作出する際には，放射線や化学変異原，あるいはアグロバクテリウムによるT-DNAの挿入など，ランダムな変異導入によって多数の変異体を作出し，目的の遺伝子に変異が導入された個体をTILLING法などによるスクリーニング[9-2]，あるいは注目する形質による選抜が行われてきた．しかし，これらの方法はランダムに起こるゲノムの変異によっているため，大量の変異体から目的の変異体を選び出す必要があり，長い時間と多くの労力を要する．また，ランダムに変異が導入されるため，ゲノム中の標的遺伝子とは異なる部分にも変異が導入される．そのため，戻し交配などの操作によって変異株の純化を進める必要がある．

9.2.2 植物におけるノックダウン

上記のように，植物において特定の遺伝子を狙ってノックアウト（破壊）することは困難であったため，有用品種の育種，あるいは遺伝子機能の解明のためには，ノックダウン（発現抑制）が行われてきた．植物においてノックダウンを試みる場合，多くの場合RNAi法が用いられる（図9.4）．RNAi法が開発されるまではアンチセンス法による発現抑制も行われており，実際，果実の成熟に関与するポリガラクツロナーゼ遺伝子のアンチセンスcDNA

を導入することで日持ちが改善されたトマト，フレーバーセーバー（Flavr Savr）は，世界で初めて上市された遺伝子組換え作物として知られている[9-3]．また，植物ウイルスを利用したウイルス誘導ジーンサイレンシング（VIGS：virus induced gene silencing）による標的遺伝子のノックダウン法では形質転換作業を行う必要がなく，一過的にウイルスベクターを植物体に導入することで遺伝子機能の解析が可能となるため，新しい逆遺伝学的解析ツールとして注目されている[9-4]．しかし，開発されているウイルスベクターの多くは感染可能な植物種が限られている場合が多いため，利用が制限されている．また，これらのノックダウン法に共通して，標的遺伝子とは異なる遺伝子発現を抑制してしまうオフターゲットの問題，標的遺伝子の発現を完全に抑制することができないなどの問題がある．また，RNAi法などでは作製した植物体は外来遺伝子を保持するため，遺伝子組換え植物として扱わなければならない．そのため，実際の作物に利用することが困難といった問題も存在する．

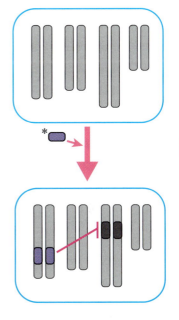

図9.4　従来の遺伝子導入による遺伝子発現制御（RNAi）
＊で示したRNAi発現カセットは，常にゲノムに組み込まれている必要がある．また，RNAi発現カセットの挿入場所によって，発現量が変化する，抑制の度合いが不安定であるなどの問題がある．

9.2.3　植物における遺伝子ターゲティング

イネなど，特定のモデル植物では効率的な遺伝子ターゲティング法が開発されているが[9-5]，植物全般に適用可能な遺伝子ターゲティング法は未だに開発されていない．現在用いられているイネにおける遺伝子ターゲティング

法は，ポジティブ-ネガティブ選抜を用いた方法である．本法ではターゲティングベクターとよばれるバイナリーベクターを使用する．ターゲティングベクター上には標的とするゲノム領域と相同な配列（ホモロジーアーム）の間にポジティブ選抜マーカーとしてハイグロマイシン抵抗遺伝子を配置することで，ベクターが挿入された細胞をハイグロマイシン耐性によって選抜することが可能となる．また，ホモロジーアームの外側にネガティブ選抜マーカーとして *Diphtheria toxin A* (*DT-A*) を配置することにより，標的ゲノム配列以外のランダムな場所にベクターが挿入された細胞が致死となる．これにより，ホモロジーアームと相同なゲノム領域への相同組換えが起こった植物細胞のみを効率的に選抜することが可能となる．最近，横井彩子（Ayako Nishizawa-Yokoi）らは，ポジティブ選抜マーカーとして植物で広く利用される *neomycin phosphotransferase II* (*nptII*)，ネガティブ選抜マーカーとして *nptII* のアンチセンス発現コンストラクトを使用した遺伝子ターゲティング法を開発し，イネ以外の植物種においても利用可能ではないかと提案しており，今後，イネ以外の植物においても遺伝子ターゲティング法が実施できる可能性がある[9-6]．

9.2.4　オリゴヌクレオチドによる塩基置換（ODM：oligonucleotide directed mutagenesis）

タバコやイネ，トウモロコシなどにおいて，アセト乳酸合成酵素遺伝子（*ALS*）に対してオリゴヌクレオチドを使用した数塩基置換が行われ，除草剤耐性が付与された[9-7～9]．これらの報告によると，アミノ酸置換が導入された個体は除草剤耐性を示すことから容易に選抜可能であるが，適切な選抜方法が存在しない遺伝子の改変に応用することは困難であり，汎用性が高い技術とは言えない．

9.3　ゲノム編集の実際

植物のゲノム編集に用いられる人工 DNA 切断酵素としては，ホーミングエンドヌクレアーゼ，ZFN (zinc finger nuclease)，TALEN (transcription

<u>a</u>ctivator-<u>l</u>ike <u>e</u>ffector <u>n</u>uclease），CRISPR-Cas9（<u>c</u>lustered <u>r</u>egularly <u>i</u>nterspaced <u>s</u>hort <u>p</u>alindromic <u>r</u>epeats - <u>C</u>RISRP-<u>a</u>ssociated protein <u>9</u>）が挙げられる[9-10～12].　各人工 DNA 切断酵素の特徴などは第 1 章を参照していただきたい．これらの人工 DNA 切断酵素を植物のゲノム編集に用いる場合，一般的にはヌクレアーゼ発現ベクターを形質転換操作により植物細胞中の染色体へ挿入し（ベクターが挿入される位置はランダムであり，選択できない），ヌクレアーゼタンパク質を植物細胞内で発現させることにより標的遺伝子の改変を行う．植物用人工 DNA 切断酵素発現ベクターの例を図 9.5 に，人工 DNA 切断酵素を用いたノックアウト植物体取得の流れを図 9.6 に示す．また，形質転換植物を得るのに時間を要するため，*Agrobacterium rhizogenes* を介した形質転換毛状根誘導系を用いることにより，ゲノム編集による遺伝子ノックアウトを早期に評価することもできる（図 9.7）．

　この段階で得られる植物は外来遺伝子である人工 DNA 切断酵素遺伝子を保持しているため，遺伝子組換え植物として扱われる．しかし，その後，自家あるいは他家交配を行うことによって，標的遺伝子に目的の変異が導入されているが，外来遺伝子である発現ベクターを保持しない個体を選抜可能である（図 9.8）．最終的に得られる個体は外来遺伝子を保持していない．人工 DNA 切断酵素によって導入された変異が数塩基の欠失であった場合，自然界で起こりうる変異と見分けることができない．

　このように人工 DNA 切断酵素を用いることで，従来の育種では作出が困難である新しい有用品種を迅速に育種可能である．そのため，人工 DNA 切断酵素を用いた植物のゲノム改変は NPBT（<u>n</u>ew <u>p</u>lant <u>b</u>reeding <u>t</u>echniques）の 1 つとして扱われる．NPBT は他に，オリゴヌクレオチド指定突然変異導入，シスジェネシス・イントラジェネシス，接ぎ木，アグロインフィルトレーション，RNA 依存性 DNA メチル化，逆育種などが挙げられる．これらの技術によって作出された植物体あるいは収穫物は最終的には外来遺伝子を保持していないが，作出の過程で外来遺伝子を導入しており，遺伝子組換え植物として扱うべきかどうかの議論が世界中で進められている[9-12～14].

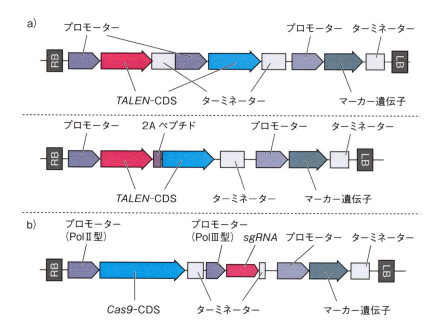

図9.5 植物用人工DNA切断酵素発現ベクターの例（T-DNA領域）
（a）TALEN発現ベクター．ゲノム編集においてTALENを用いる場合，二分子のTALENを発現させる必要があるため，2つのプロモーター下にそれぞれのTALENを連結したコンストラクト（上），あるいは1つのプロモーター下に2AペプチドでTALENを連結したTALENを配置したコンストラクト（下）を使用する．（b）CRISPR-Cas9発現ベクター．ゲノム編集においてCRISPR-Cas9を用いる場合，Cas9タンパク質とガイドRNA（sgRNA）を発現させる必要がある．Cas9の発現のためには，通常の過剰発現に使用されるようなカリフラワーモザイクウイルス由来の35SプロモーターなどのRNAポリメラーゼⅡ型用のプロモーターを使用し，sgRNAの発現のためにはU6あるいはU3といったⅢ型RNAポリメラーゼ用のプロモーターを使用する．通常，U6/U3プロモーターは恒常的に発現するため，CRISPR-Cas9を組織特異的に使用する場合，Cas9を発現させるためのプロモーターを組織特異的なものにする必要がある．TALEN，CRISPR-Cas9どちらのシステムを使用する場合でも，形質転換植物細胞を選抜する選択マーカーが必要となる．また，植物形質転換にアグロバクテリウム法を使用する場合はLB，RB，アグロバクテリウムにおける複製開始点や薬剤選抜マーカーが必要となるが，パーティクルガン法やプロトプラスト法を使用する場合，これらの要素は必須ではない．CDS：coding sequence.

9.3 ゲノム編集の実際

図 9.6　人工 DNA 切断酵素を用いたノックアウト植物体取得の流れ

人工 DNA 切断酵素発現ベクターを導入した形質転換体植物，あるいは一過性発現を行った細胞からゲノム DNA を抽出し，標的遺伝子への変異導入の確認を行う．一般的には，標的配列の近傍を PCR により増幅させ，RFLP（restriction fragment length polymorphism）解析，HMA（heteroduplex mobility assay）解析，シークエンス解析などによって変異を確認する．変異が見られた場合においても，モザイクである可能性があるため，可能であれば後代を取得するなどにより，変異が導入されているが，人工 DNA 切断酵素発現ベクターを保持しない個体を選抜する必要がある．

図 9.7　毛状根によるゲノム編集効果の早期スクリーニング

人工 DNA 切断酵素発現カセットを有するバイナリーベクターを保持する *Agrobacterium rhizogenes* を植物組織に感染させ，毛状根を誘導する．毛状根の誘導ならびにクローン作製は，形質転換植物作製よりも容易であるため，ゲノム編集効果の早期スクリーニングに適している．写真は，トマト葉片から誘導された毛状根．

第 9 章　植物でのゲノム編集の利用

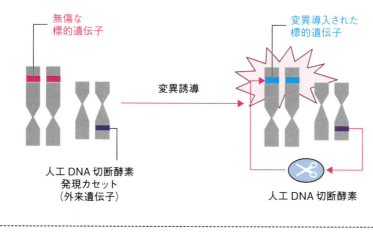

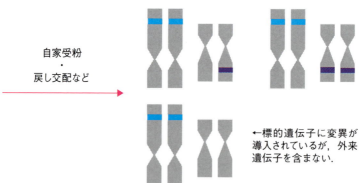

図 9.8　交配によるヌルセグリガントの取得
　人工 DNA 切断酵素発現ベクターは形質転換作業により植物ゲノムのランダムな位置に挿入される．人工 DNA 切断酵素はゲノム中の標的遺伝子を認識，切断することで変異を導入する（遺伝子を不活化）ことが可能である．さらに，形質転換体の後代を取得することで，外来遺伝子である人工 DNA 切断酵素発現ベクターを保持しないが（ヌルセグリガント；null segregant），標的遺伝子が破壊された個体を選抜することができる．

9.3.1 人工 DNA 切断酵素を用いた植物のゲノム編集
　　　－ NHEJ による遺伝子改変－

　植物のゲノム編集として，現在までに最も報告が多いのは，非相同末端結合（NHEJ：non-homologous end-joining）による標的配列への単純な挿入・欠失の誘導である．これは植物細胞で人工 DNA 切断酵素を発現させるだけで，標的遺伝子へ変異を導入できるため，鋳型 DNA の導入を要する下記の相同組換え（HR：homologous recombination）と比較して容易なゲノム編集方法であると言える．現在までに開発されている ZFN, TALEN, CRISPR-Cas9 といった人工 DNA 切断酵素を用いて，NHEJ による植物ゲノムへの変異導入が報告されている．

　刑部敬史（Keishi Osakabe）らは，ZFN を用いてシロイヌナズナ *ABI4* 遺伝子への変異導入を報告している[9-15]．この論文で彼らは，ZFN の毒性を軽減するために，ヒートショック誘導型のプロモーターを用いて ZFN の発現を制御し，数％の効率で標的遺伝子への変異導入が行われた．得られた変異体は T-DNA 挿入変異系統と同様に，植物ホルモンであるアブシジン酸あるいはグルコースに対して非感受性となった．

　TALEN が作物のゲノム育種に初めて利用されたのは，リー（Ting Li）らによる耐病性イネの作出であろう[9-16]．彼らは，病原菌感受性遺伝子 *Os11N3*（*OsSWEET14*，スクローストランスポーター）のプロモーター領域を TALEN を用いて改変した．当該プロモーター領域は植物病原菌 *Xanthomonas* 属が生産する TAL effector タンパク質の結合配列を含み，*Xanthomonas* の感染によって遺伝子発現の活性化，植物細胞から病原菌細胞へのスクロース輸送によって病原菌の生育が促進される．TALEN を用いたゲノム改変によってプロモーター領域を改変することで，*X. oryzae* pv. *oryzae* といった病原菌への抵抗性が付与されたイネが得られた．また，彼らはゲノム改変されたイネの後代を取得することで，外来遺伝子である TALEN 発現コンストラクトを含まない個体の選抜にも成功している．

　日本国内では，澤井 学（Satoru Sawai）らが TALEN を用いたジャガイモ *SSR2* 遺伝子の破壊を報告している[9-17]．*SSR2* はナス科に多く含まれる特化

代謝産物であるステロイドグリコアルカロイド（SGA）の前駆体，コレステロールの生合成酵素遺伝子であり，彼らは *SSR2* の破壊により SGA 含量の大幅な低減を目指した．ナス科植物は，ナス科に特有の *SSR2* と高い相同性を示すパラログ *SSR1* を保持している．*SSR1* は植物界に広く保存されており，植物の生育に必須である植物ホルモン，ブラシノステロイドの生合成に関与するため，*SSR2* の破壊の過程で *SSR1* を誤って破壊してしまった場合，植物体の生育が抑制されると予想される．彼らは *SSR2* と *SSR1* のゲノム配列を比較し，*SSR2* を特異的に認識するであろう TALEN を設計することで，*SSR1* に変異を導入することなく，*SSR2* へ特異的に変異を導入することに成功した．また，ジャガイモは四倍体の作物であり，従来の育種法ではゲノム上に 4 アレル存在する遺伝子を同時に破壊することは困難であったが，人工 DNA 切断酵素を使用することで，倍数性ゲノムの多アレルを同時改変可能であることも示された．本研究は，人工 DNA 切断酵素を使用して植物の特化代謝を改変した初めての報告である点で大変意義深い（図 9.9）．

　また，ハウン（William Haun）らは，TALEN を用いた 2 つのダイズ脂肪酸デサチュラーゼ 2（*fatty acid desaturase 2*, *FAD2-1A*, *FAD2-1B*）遺伝子破壊を報告している[9-18]．*FAD2* はオレイン酸からリノール酸への変換を触媒する酵素遺伝子であり，*FAD2-1A*, *FAD2-1B* 両遺伝子の破壊によって，種子中のオレイン酸量の増加，リノール酸量の減少による油脂品質の改善が確認された．また，彼らは TALEN によって変異が導入された形質転換体の後代を取得することで，外来遺伝子である TALEN 発現ベクターを保持せず，目的の変異をもつダイズの取得に成功している．また，ハウンらが属する Cellectis 社が USDA（United States Department of Agriculture；米国農務省）へ本植物体が規制の対象となるかを問い合わせたところ，本ダイズは規制対象には当たらないとの報告が発表されている．

　モデル植物であるシロイヌナズナは，T-DNA 挿入などによるランダム変異体ライブラリーが整備されており，解析を行いたい遺伝子の機能が欠損した変異体はバイオリソースから得られる場合が多い．機能が重複する相同遺伝子の多重変異体を作出する場合，それぞれの一重変異体を交配すること

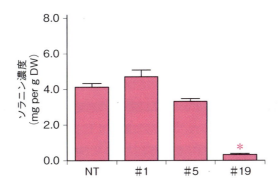

a)
デスモステロール → SSR2 → コレステロール → → α-ソラニン
有毒な SGA

b)
```
TGGGGCTTCTTGTTTCAGCTGAAATCAAGCTTATACCAGTTGATCAATA  標的配列
TGGGGCTTCTTGTTTCAGCTGAA------GCTTATACCAGTTGATCAATA  -5(×3)
TGGGGCTTCTTGTTTCAGCTGA-------GCTTATACCAGTTGATCAATA  -6(×2)
TGGGGCTTCTTGTTTCAGCTG---------CTTATACCAGTTGATCAATA  -8
TGGGGCATTGGGGC------------------TATTCCAGTTGATCAATA  -25/+8
--------------------------------------------------  -71/+2
CAGG--TTTGTAGGTAAGTTTTACGTATTGATC-----------------  -78/+42
T-------------------------------------------------  -74
TGGGGCTTCTTGTTTCAGCC------------------------------  -137/+1
--------------------------------------------------  -90(×4)
```

c)

図 9.9　ジャガイモ SSR2 遺伝子破壊の例
(a) SSR2 が触媒するコレステロール生合成反応．(b) シークエンス反応によって確認された標的遺伝子 SSR2 への変異導入．- は欠損を，青い文字は挿入塩基を示している．(c) 植物体中のソラニン量．ゲノム編集によって SSR2 遺伝子が破壊された形質転換体(#19)において，非形質転換体(NT)あるいは発現ベクターを導入したが，インタクトの SSR2 遺伝子を保持する個体（#1，#5）と比較してソラニン量が大きく減少していた．（澤井らの研究論文から改変して引用）

第9章 植物でのゲノム編集の利用

で多重変異体を得る場合が多いが，相同遺伝子がゲノム上の近接した位置に存在する場合，交配によって目的の多重変異体を作出することは困難であった．ミュラー（Teresa M. Müller）らは，カマレキシンとよばれる抗菌物質の生合成に関与し，シロイヌナズナ第二染色体上に隣接する *CYP71A12*，*CYP71A13* 遺伝子の二重変異体 *cyp71a12 cyp71a13* を TALEN を用いて作出している[9-19]．このように，モデル植物であり，最も変異体バイオリソースが整備されているシロイヌナズナでさえ，ゲノム編集技術を用いなければ作出が不可能な変異体があり，今後，作物の育種だけではなく，モデル植物においてもゲノム編集が必須の技術となることが想定される．

9.3.2 ラージデリーション

人工 DNA 切断酵素を同一染色体の複数の遺伝子座へ同時に作用させることにより，その間のゲノム領域の欠失，あるいは転座が誘導されることがある．植物においては，現在までにゲノム領域の転座を植物において導入した研究例は報告がないが，TALEN，CRISPR-Cas9 を使用したゲノム領域の欠失についてはいくつかの報告がある．

クリスチャン（Michelle Christian）らは，シロイヌナズナの第一染色体上で隣り合う相同遺伝子 *GLL22a* と *GLL22b* の共通配列部分において TALEN を設計し，形質転換を行った[9-20]．形質転換1代目（T_1）植物体において TALEN の発現を誘導し，標的遺伝子に対する変異導入の確認を行ったところ，両遺伝子への変異が確認され，さらに，染色体欠失を検出するプライマーを使用した PCR によって，4.4 kb の欠失が確認された．

また，ジョー（Huanbin Zhou）らはイネにおいて，CRISPR-Cas9 を使用することでより巨大な染色体欠失を誘導した[9-21]．彼らは，Cas9 タンパク質と複数の sgRNA をイネプロトプラストにおいて発現させることで，ジテルペノイド生合成酵素遺伝子クラスターを含む 115 〜 245 kb のゲノム領域を欠失させた．

このようにゲノム編集によってゲノム領域の欠失を導入する場合，染色体の複数箇所を同時に効率よく切断する必要があるため，切断活性の高い人工

ヌクレアーゼを設計し，使用する必要がある．

9.3.3 相同組換え（HR）を利用したゲノム改変

人工DNA切断酵素と，標的配列の近傍配列と相同性をもった鋳型DNAを植物細胞へ共導入することで，HRによる修復，塩基置換などが可能であるが，HRによってゲノム編集された植物体はいまだにほとんど報告がない．現在までに報告されている植物におけるHRによるゲノム改変では，多くの場合，プロトプラストに対して人工DNA切断酵素発現ベクターとレポーター遺伝子などの鋳型DNAを共導入することで，標的遺伝子へのレポーター遺伝子のノックインを試みている．チャン（Yong Zhang）らは，タバコ *SurB* 遺伝子へYFPレポーター遺伝子のHRによるノックインを試み，TALEN発現ベクターとYFPドナーベクターを用いることで14％と高効率なノックインを報告している[9-22]．また，CRISPR-Cas9を植物において初めて使用した複数の論文においても，標的遺伝子への数塩基置換がHRによってなされている[9-23, 24]．これらの研究ではプロトプラストからの植物体の再生は報告されていないが，技術的にはノックイン植物体の作出は可能であると思われる．

9.3.4 外来遺伝子をもたない個体の選抜

現在までに報告されている植物ゲノム編集研究のうち，いくつかの研究例では，人工DNA切断酵素による変異導入の後に次世代の植物体を取得することで変異をもつが外来遺伝子を保持しない個体の選抜を行っている[9-16, 18, 19]．また，少数例ではあるが，下記に示すように，プロトプラストへ発現ベクターを一過的に導入することで，標的遺伝子へ変異が導入されているが外来遺伝子を保持していない個体を作出している．この方法は，稔性が低く次世代の取得が困難である農作物のゲノム編集において強力な手法である．

ニコリア（Alessandro Nicolia）らのグループは，TALEN発現ベクターをジャガイモプロトプラストへ一過的に導入することで，*ALS* 遺伝子への変異導入を行った[10-25]．再分化させた植物体には *ALS* への変異が導入されて

第 9 章　植物でのゲノム編集の利用

いるが，導入したベクター由来の増幅が見られなかった．また，同様にクラーゼン（Benjamin M. Clasen）らは，液胞インベルターゼ遺伝子（*VInv*）を標的とする TALEN 発現ベクターをジャガイモプロトプラストへ導入した[9-26]．約 600 の再分化個体中，18 個体が *VInv* へ何らかの変異が導入されていることが確認された．また，そのうち 7 個体では導入したベクター由来の増幅が確認されず，外来遺伝子フリーであることが示唆された．

これらの研究においては，ゲノム編集に使用した発現ベクター中の配列に特有のプライマーを使用し，PCR により外来遺伝子の有無を確認し，増幅が見られない個体について外来遺伝子フリーとしている．

9.3.5　核酸を導入しない変異導入

ゲノム編集に必要とされるのは，ゲノム上の標的の配列を認識・切断可能なヌクレアーゼ（タンパク質）であり，タンパク質を植物細胞に導入することで，遺伝子組換えに依らずに遺伝子の改変が可能となる[9-1]．ウー（Je Wook Woo）らは，Cas9 タンパク質と sgRNA を試験管内で混合し，Cas9 リボヌクレオタンパク質を構築後，タバコ，シロイヌナズナ，イネ，レタスから調製したプロトプラストへ PEG 法により導入することで，標的遺伝子へ変異を導入した[9-27]．変異導入効率は数十％と高く，再分化を行ったレタスにおいては，再生個体の約半数においてゲノムの編集が起こっていた．また，ルオ（Song Luo）らは，ホーミングエンドヌクレアーゼ（I-SceI），あるいは TALEN タンパク質をタバコプロトプラストへ導入し標的遺伝子の改変を試みた[9-28]．標的遺伝子への変異導入は確認されたが，それぞれのヌクレアーゼをコードするプラスミド DNA を導入したものと比べて効率がかなり低くなることが示されている．TALEN をプラスミド DNA で導入した場合 18.6％の変異導入効率であったが，タンパク質で導入した場合 1.4％であった．

ウーらはヌクレアーゼとして Cas9 リボヌクレオタンパク質を使用しているため，核酸である RNA を植物細胞へ導入しているが，ルオらは TALEN タンパク質を使用しており，完全に核酸フリーである．そのため，ルオらの

方法で作製したプロトプラストから植物体を再生させることで，遺伝子組換え規制を完全に乗り越えた植物体・作物を作出可能であると予想される．ただし，TALENタンパク質によるゲノムへの変異導入効率はかなり低いため，導入効率，ヌクレアーゼ活性の改善，あるいは効率的なスクリーニング系の構築が望まれる．

9.4 今後の展望

9.4.1 植物においてゲノム編集を行うために

植物においてゲノム編集を試みる場合，はじめに標的遺伝子のゲノム構造（塩基配列）を明らかとする必要がある．次に得られた配列に対する人工DNA切断酵素発現ベクターを構築し，植物細胞への導入，対象配列への変異導入の確認を行う．詳しい実験の流れは成書［田部井 豊（2012）『形質転換プロトコール 植物編』化学同人；山本 卓 編（2015）『論文だけではわからないゲノム編集成功の秘訣 Q&A TALEN，CRISPR/Cas9の極意』羊土社］を参考にされたい．

また，近年複数の企業からCas9がタンパク質として販売されており，Cas9タンパク質と人工合成したsgRNAを混合して，プロトプラスト/PEG法などによる植物細胞へ導入することにより，上記のような発現ベクターの構築を行わずに，植物でのゲノム編集を行うことが今後容易になると推測される．この場合，遺伝子組換えをともなわないため，従来のカルタヘナ法の適用外になると考えられる．実際，ジャガイモプロトプラストを利用して，遺伝子組換えをともなわないゲノム編集が報告されている．植物の場合，種はもとより品種間で植物体の再分化能が異なることから，植物におけるゲノム編集の成否は，優れた植物組織培養技術を有しているかどうかに関わるところが大きい．「オールドバイオテク」と言われている従来の組織培養技術の再評価がなされるべきだと考える．

9.4.2 ゲノム編集により作製した植物の規制

人工ヌクレアーゼを使用した植物のゲノム編集は，従来の育種法と比較し

て迅速に有用な作物を作出できるため，農作物の育種への利用が期待されるが，多くの場合，作出の過程で外来核酸を植物細胞へ導入することに注意が必要である．形質転換によって発現ベクターを導入した植物体は外来遺伝子である発現ベクターを保持するため，もちろん遺伝子組換え植物として扱われる．ヌクレアーゼによる変異導入後，後代を取得することで導入した変異を保持するが，発現ベクターを保持しない個体はどうであろうか．導入された変異が欠失，あるいは数塩基の挿入であれば，従来の育種法（放射線照射や単純な交配など）によって作出された変異と見分けがつかないため，現行の法律によって遺伝子組換え植物として規制することは困難であろう．相同組換えによって遺伝子，あるいは遺伝子発現カセットをノックインした場合，導入遺伝子が宿主あるいは宿主と交配可能な植物由来であれば，おそらく遺伝子組換え植物としては扱われないであろう．導入遺伝子が交配可能な植物以外由来であれば遺伝子組換え植物として扱われる．

　また，どのように外来遺伝子を保持しないことを証明するか，現在までにコンセンサスが得られる方法は提案されていない．公表されている論文の多くは，PCRによって発現ベクターがゲノム中に残存していないことを示すことにより外来遺伝子フリーであるとしている．しかし，ベクターが断片化し，ゲノム中に残存する危険性があるため，全ゲノムを解読することで，外来の配列がゲノム中に残存していないことを示す必要があるのではないかという提案も存在している．全ゲノムの解読が必要となれば，大きな費用が必要となり，容易に目的の変異体作物を作出できるというゲノム編集技術の利点を活かすことが困難となる．今後，ゲノム編集技術によって作出された植物をどのように規制・利用していくのか，研究者・規制当局・企業・一般市民が一体となり，コンセンサスの形成を目指す必要があるだろう[9-14]．

9.4.3　新しいゲノム編集技術

　現在最も頻繁に使用されているゲノム編集ツールはCRISPR-Cas9に基づくものであるが，本手法は開発されてからまだ時間がそれほど経っていないため，現在もCas9の正確性の改善や切断に必要なPAM配列を改変した

9.4 今後の展望

表9.1 ゲノム編集された植物の報告例

植物種	標的遺伝子	人工ヌクレアーゼ	様式	文献
シロイヌナズナ (*Arabidopsis thaliana*)	ABI4	ZFN	NHEJ	9-15
イネ (*Oryza sativa*)	OsSweet14プロモーター	TALEN	NHEJ	9-16
ジャガイモ (*Solanum tuberosum*)	SSR2	TALEN	NHEJ	9-17
ダイズ (*Glycine max*)	FAD2-1A, FDA2-1B	TALEN	NHEJ	9-18
シロイヌナズナ (*Arabidopsis thaliana*)	CYP71A12	TALEN	NHEJ	9-19
シロイヌナズナ (*Arabidopsis thaliana*)	ADH1, TT4, MAPKKK1, DSK2B1, DSK2B2, NATA2	TALEN	NHEJ	9-20
	GLL22		ラージデリーション (4.4 kb)	
イネ (*Oryza sativa*)	SWEET	CRISPR-Cas	NHEJ	9-21
	ジテルペン生合成遺伝子クラスター		ラージデリーション (-245 kb)	
タバコ (*Nicotiana tabacum*)	SurB	TALEN	NHEJ, プロトプラスト・ノックイン	9-22
イネ (*Oryza sativa*)	PDS	CRISPR-Cas	NHEJ, プロトプラスト・ノックイン	9-23
シロイヌナズナ (*Arabidopsis thaliana*)	FLS, PDS, RACK	CRISPR-Cas	NHEJ, プロトプラスト・ノックイン	9-24
タバコ (*Nicotiana tabacum*)	PDS			
ジャガイモ (*Solanum tuberosum*)	ALS	TALEN	NHEJ, プロトプラスト	9-25
ジャガイモ (*Solanum tuberosum*)	Vinv	TALEN	NHEJ, プロトプラスト	9-26
タバコ (*Nicotiana attenuata*)	AOC	CRISPR-Cas	NHEJ, プロトプラスト (DNAフリー)	9-27
シロイヌナズナ (*Arabidopsis thaliana*)	PHYB			
イネ (*Oryza sativa*)	P450, DWD1			
レタス (*Lectuca sativa*)	BIN2			
タバコ (*Nicotiana benthamiana*)	ALS	TALEN	NHEJ, プロトプラスト (核酸フリー)	9-28

変異体の開発が進められている[9-29].また,現在,日本国産の技術としてPPR(pentatricopeptide repeat)タンパク質[9-30]を用いた人工DNA切断酵素の開発が進められている.PPRタンパク質はもともと植物において巨大なファミリーを形成する機能未知タンパク質として知られており,その多くはRNA結合タンパク質であると推測されるが,一部,DNA結合能をもつと推定される分子種も存在する.この核酸結合ドメインとFokIヌクレアーゼドメインを融合させたタンパク質を用いることで,新奇の人工ヌクレアーゼが作製できると期待されている.PPRタンパク質の場合,RNAにも結合可能であるため,ゲノム編集だけでなく,RNAの編集にも応用可能であると期待される.

9章 参考書

山本 卓 編(2014)『今すぐ始めるゲノム編集 TALEN & CRISPR/Cas9 の必須知識と実験プロトコール』羊土社.

山本 卓 編(2015)『論文だけではわからないゲノム編集成功の秘訣 Q&A TALEN, CRISPR/Cas9 の極意』羊土社.

日本学術会議(2014)『報告 植物における新育種技術(NPBT:New Plant Breeding Techniques)の現状と課題』.

江面 浩(2013)『新しい植物育種技術を理解しよう』国際文献社.

田部井 豊(2012)『形質転換プロトコール 植物編』化学同人.

9章 引用文献

9-1) Kanchiswamy, C. N. *et al.* (2015) Trends. Biotechnol., **33**: 489-491.

9-2) McCallum, C. M. *et al.* (2000) Nat. Biotechnol., **18**: 455-457.

9-3) Krieger, E. K. *et al.* (2008) HortScience, **43**: 962-964.

9-4) 山岸紀子・吉川信幸(2010)ウイルス, **60**: 155-162.

9-5) Shimatani, Z. *et al.* (2014) Front. Plant Sci., **5**: 748.

9-6) Nishizawa-Yokoi, A. *et al.* (2015) Plant Physiol., **169**: 362-370.

9-7) Beetham, P. R. *et al.* (1999) Proc. Natl. Acad. Sci. USA, **96**: 8774-8778.

9-8) Okuzaki, A., Toriyama, K. (2004) Plant Cell Rep., **22**: 509-512.

9-9) Zhu, T. *et al.* (2000) Nat. Biotechnol., **18**: 555-558.

9-10) Mahfouz, M. M. *et al.* (2014) Plant Biotechnol. J., **12**: 1006-1014.

9-11) Fichtner, F. *et al.* (2014) Planta, **239**: 921-939.

9-12) Schaart, J. G. *et al.* (2016) Trends. Plant Sci., **21**: 438-449.

9-13) Jones, H. D. (2015) Nat. Plants, **1**: 14011.

9-14) Araki, M., Ishii, T. (2015) Trends. Plant Sci., **20**: 145-149.

9-15) Osakabe, K. *et al.* (2010) Proc. Natl. Acad. Sci. USA, **107**: 12034-12039.

9-16) Li, T. *et al.* (2012) Nat. Biotechnol., **30**: 390-392.

9-17) Sawai, S. *et al.* (2014) Plant Cell, **26**: 3763-3774.

9-18) Haun, W. *et al.* (2014) Plant Biotechnol. J., **12**: 934-940.

9-19) Teresa, M. M. *et al.* (2015) Plant Physiol., **168**: 849-858.

9-20) Christian, M. *et al.* (2013) G3: Genes| Genomes| Genetics, **3**: 1697-1705.

9-21) Zhou, H. *et al.* (2014) Nucleic Acids Res., **42**: 10903-10914.

9-22) Zhang, Y. *et al.* (2013) Plant Physiol., **161**: 20-27.

9-23) Shan, Q. *et al.* (2013) Nat. Biotechnol., **31**: 686-688.

9-24) Li, J. F. *et al.* (2013) Nat. Biotechnol., **31**: 688-691.

9-25) Nicolia, A. *et al.* (2015) J. Biotechnol., **204**: 17-24.

9-26) Clasen, B. M. *et al.* (2016) Plant Biotechnol. J., **14**: 169-176.

9-27) Woo, J. W. *et al.* (2015) Nat. Biotechnol., **33**: 1162-1164.

9-28) Luo, S. *et al.* (2015) Mol. Plant, **8**: 1425-1427.

9-29) Kleinstiver, B. P. *et al.* (2016) Nature, **529**: 490-495.

9-30) Yagi, Y. *et al.* (2013) PLoS One, **8**: e57286.

第10章　医学分野でのゲノム編集の利用

宮本達雄

　医学は疾患の成り立ちを理解して，診断，治療，予防を実現する学問である．ゲノム編集は，疾患の原因となるゲノム上の異常を「直接」治療する技術であるだけでなく，疾患の新たな診断法や創薬シーズの開拓ツールとして大きな注目を浴びている．本章では，医学分野でのゲノム編集の意義について，①疾患メカニズムの解明，②疾患の診断・治療，③創薬への可能性の観点から概説する（図10.1）．

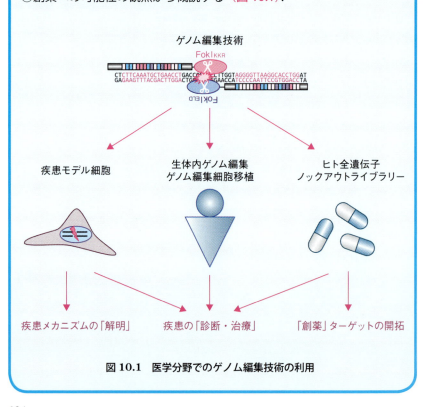

図 10.1　医学分野でのゲノム編集技術の利用

10.1 疾患の理解のためのゲノム編集

10.1.1 試験管内で疾患を再現する（1）：初代培養細胞

疾患を治療するには，どのようなメカニズムで病気が発症したのか？を理解する必要がある．そのため疾患を試験管内で再現できる実験系を作ることは医学研究にとって重要なステップである．最も直接的な方法は，患者の血液や皮膚片，患部組織から細胞を単離して，試験管内で培養できる**初代培養細胞**の樹立である．患者由来の初代培養細胞は，細胞レベルでの疾患の「状態」（病態）を再現できる有用な実験系（疾患モデル）である．しかし，初代培養細胞は採取時の環境要因（喫煙などの生活習慣）の影響を受けることや，ヒト集団の遺伝的多様性のため，厳密な意味での初代培養細胞間の比較・対照実験ができないことが弱点である．

ある疾患が特定の遺伝子の機能不全で発症することを証明する場合，正常細胞で原因候補遺伝子をノックアウト（破壊）してその疾患が再現することを実証する必要がある．このように遺伝子操作から疾患の成り立ちを理解する手法は，**「逆」遺伝学アプローチ**とよばれており，疾患から原因遺伝子を探索する**「順」遺伝学アプローチ**と対比されている（図10.2）．初代培養細胞は，遺伝子導入効率が低いことや分裂回数に限界があるため一定期間しか培養できないので，ゲノム編集法を用いた遺伝子ノックアウト細胞の樹立は

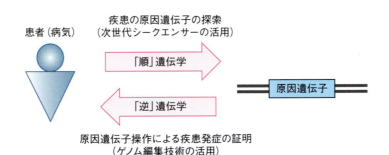

図 10.2 「順」遺伝学と「逆」遺伝学

困難である．このように，初代培養細胞は病態を取得する順遺伝学アプローチを推進する研究材料であり，遺伝情報を操作する逆遺伝学アプローチにはハードルの高い細胞と位置づけられる（図 10.3）．

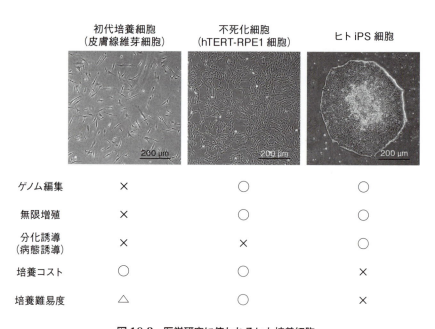

図 10.3　医学研究に使われるヒト培養細胞

10.1.2　試験管内で疾患を再現する（2）：不死化培養細胞

初代培養細胞の問題点を克服するために，多くの研究者は，人工的または自然に無限増殖が可能になった均一な**不死化細胞**（または**細胞株**）を用いている．染色体末端配列・テロメアを延長する酵素であるテロメラーゼ（hTERT）を強制的に発現させて分裂限界を回避した健常人網膜色素上皮細胞・hTERT-RPE1 細胞や，世界中の研究室で使われている子宮頸部がん組織に由来する HeLa（ヒーラ）細胞は代表的な不死化細胞である．

不死化細胞は初代培養細胞と比較して，リポフェクション法などの広範な遺伝子導入法が適用できクローンの単離も容易に行える上，比較的低コスト

で培養できる利点がある．2000年代にはRNAi法を用いた遺伝子「ノックダウン」実験がヒト培養細胞の逆遺伝学的アプローチの主流となり，細胞生物学研究を牽引した．しかし，マウスES細胞（胚性幹細胞）で用いられる遺伝子ターゲティング法は，ヒト不死化細胞での「ノックアウト」実験として定着しなかった．その理由は，ヒト不死化細胞は染色体数が不安定化して標的遺伝子が2コピー以上に増加している場合が多く，内在性の低い相同組換え活性にのみ依存した従来の遺伝子ターゲティング法では完全な遺伝子ノックアウト細胞クローンを単離することは難しかったためである．

　ZFN，TALENやCRISPR-Cas9などの人工DNA切断酵素は，標的遺伝子のコピー数が増えていても，どのコピーに対しても同時にDNA二重鎖切断を導入できるため，不死化細胞の標的遺伝子全コピーをノックアウトできる．ZFNやTALENに比べて作製が容易なCRISPR-Cas9が研究者間に浸透した2010年代には，ヒト不死化細胞における遺伝子ノックアウトは日常的な研究手法として定着した．これまでに，ゲノム編集技術を用いて不死化細胞で疾患の原因遺伝子をノックアウトして，数多くの疾患モデル細胞クローンが樹立されている．これらのゲノム編集された不死化細胞は無限増殖できるので，いつでも何度でも疾患を試験管内で再現できる上に，均一な遺伝的背景での比較対照実験が可能であるので，理想的かつ標準的な研究資材として活用されている（図10.3）．

10.1.3　疾患の「過程」をモデル化できるiPS細胞

　患者由来初代培養細胞や疾患モデル不死化細胞は，試験管内で疾患の「状態」を再現し理解することができる．しかし，病気になりきってしまった細胞からは，疾患に至る「過程」の情報を取得することは困難である．発症「過程」は創薬の有効なターゲットとなることから，発症前の状態から病態を誘導できる細胞こそ，究極の疾患モデル細胞といえる．

　2007年，京都大学の山中伸弥教授らは，前年のマウスでの成功をもとにして，健常人の皮膚線維芽細胞に，細胞運命（分化状態）を初期胚の状態まで引き戻す（初期化）のに必要な4つの転写因子Oct4, Sox2, Klf4, c-Myc

（山中4因子）を導入して，**ヒトiPS細胞（人工多能性幹細胞）**の樹立に成功した[10-1]．iPS細胞は，未分化状態を維持するbFGF（塩基性線維芽細胞増殖因子）などを含む特殊な培地で無限な増殖を行うことができ，培養条件を変化させることで様々な組織への分化誘導が可能な細胞である．これまでに多くの疾患の患者からiPS細胞が樹立された．例えば，核膜を形成するタンパク質であるラミンA（Lamin-A）の変異によって，全身の老化が10代から進行する早老症の1つであるハッチンソン・ギルフォード・プロジェリア症候群（HGPS）患者由来のiPS細胞は，患者線維芽細胞で観察される染色体末端構造のテロメア長の短縮や老化関連ベータガラクトシダーゼ（SA-β-ガラクトシダーゼ）活性の亢進といった，細胞老化を特徴づける表現型が消失する[10-2]．興味深いことに，HGPS患者のiPS細胞を，未分化培地から分化培地に置換して線維芽細胞に分化させると，再び老化細胞の表現型を表す．他の疾患iPS細胞でも，分化状態で観察される病態が初期化によって消失し，分化状態に戻すと病態が再現するという現象が確認されている．また，iPS細胞は，他の不死化細胞と同様にゲノム編集技術をはじめとする逆遺伝学アプローチを適用できる．このように，iPS細胞におけるゲノム編集技術は，均一な遺伝的条件下で疾患の発症「過程」を試験管内で追跡できる実験系を提供できるため，医学研究において基盤的な技術として発展している（図10.3）．

10.2 疾患の診断・治療のためのゲノム編集

10.2.1 次世代シークエンサーによる疾患の遺伝要因の探索

疾患の発症は，遺伝要因と環境要因が存在している（図10.4）．メンデル遺伝病（単一遺伝子疾患）は，原因変異をもつとほぼ100％発症するため，発症は遺伝要因で決定される．ところが，生活習慣病などの多くの疾患は，複数の遺伝子が関与する遺伝要因と環境要因の双方が発症に寄与することから，多因子疾患とよばれている．メンデル遺伝病を引き起こす遺伝要因は，発症に対する影響力（効果サイズ）は大きいが，ヒト集団内における頻度は1％未満と低く，**変異**（mutation）と定義される．逆に，多因子疾患の遺

10.2 疾患の診断・治療のためのゲノム編集

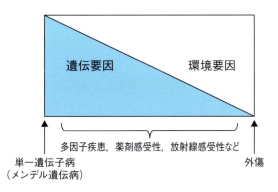

図 10.4　疾患を規定する遺伝要因と環境要因

伝要因の効果サイズは小さいが，ヒト集団内の頻度は高いことが知られており，**多型**（polymorphism または variant）とよばれる（図 10.5）．疾患関連遺伝子の探索アプローチとして，単一遺伝子疾患には**連鎖解析**，多因子疾患には**ゲノムワイド関連解析**（**GWAS**：genome wide association study）が伝統的に用いられてきた（図 10.6）．連鎖解析では，遺伝病家系のメンバーのDNA を採取して，1,000～1万個程度のゲノム上の目印をマッピングして患者とリンク（連鎖）している領域を絞り込み，原因変異を決定する．GWAS では，疾患群と対照群から DNA を得て，1人当たりヒトゲノム全体にわたっ

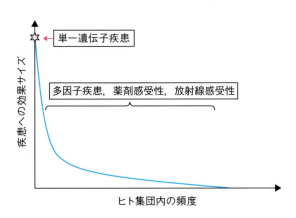

図 10.5　変異および多型の生物効果サイズと集団内頻度

第 10 章　医学分野でのゲノム編集の利用

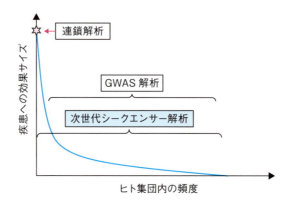

図 10.6　変異および多型の解析方法

て数百万個の一塩基多型（SNP：single nucleotide polymorphism）を解析して，疾患群で偏って出現する SNP（その SNP が存在する遺伝子）を同定する．

　近年，疾患関連遺伝子の探索に革命をもたらす研究機器として**次世代シークエンサー**が台頭してきた．次世代シークエンサーは，数千から数億の DNA 断片を鋳型として 1 塩基ずつ再合成する時の蛍光強度を大量並列的に検出する機器である（図 10.7）．2003 年に従来のサンガー法によるシークエンサーを用いて国際プロジェクトにより，3 Gb（3 ギガ塩基 = 30 億塩基）

次世代シークエンサー試料の自動調製機　　次世代シークエンサー

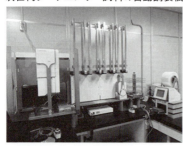

図 10.7　次世代シークエンサーシステム
（広島大学 原爆放射線医科学研究所）

のヒトゲノム塩基配列が完全解読されたが，約12年の歳月と4,000億円の費用が必要であった．しかし，現在の次世代シークエンサーを用いると，約2日間で15万円程度のコストでヒトゲノムを解読することができる．このように，次世代シークエンサーの登場によって，ヒトゲノム解析は日常的な研究手法となっている．

　これまで稀少なメンデル遺伝病では，連鎖解析によって原因変異領域が絞り込めない場合が多くあった．メンデル遺伝病の原因変異は，アミノ酸をコードするエキソン領域や，スプライシングに関連するエキソンとイントロンのつなぎ目に集中する傾向がある．そこで，ヒトゲノム上に存在する全エキソン（ゲノム中の約1.5％に相当）を相補的なオリゴヌクレオチドプローブを用いて回収して，全エキソン配列を次世代シークエンサーで決定する**全エキソーム解析**が原因変異探索に有効な手段となる（図10.8）．決定されたエキソン配列のなかで患者に特異的な変化を抽出すること（エキソン配列を用いた連鎖解析）によって，これまでに数百以上のメンデル遺伝病の新規原因遺伝子が同定されている．また，多因子疾患の遺伝要因の探索にも全エキソーム解析は利用されている．

　しかし，実際には全エキソーム解析によっても原因変異の同定に至らないケースの方が多くある．例えば，原因変異が遺伝子の転写に必須なRNAポリメラーゼが結合するプロモーター配列や転写量を調節する領域（転写制御領域），さらにアミノ酸をコードしないが遺伝子発現を制御する活性をもつノン・コーディングRNAに存在していた場合，全ゲノム配列の解読が必須である．ただし，これらの領域に変異候補配列が見つかったとしても，一般的にエキソン外の配列機能を正しく「予測」することは困難であり，実験生物学的に配列機能を検証する必要がある．このようにゲノム医学の中心には，次世代シークエンサーが産生する大規模情報があり，これらのゲノム情報を生物学的に解釈することが原因変異の同定にとって不可欠であり，ゲノム編集技術はその切り札として考えられている．

第 10 章　医学分野でのゲノム編集の利用

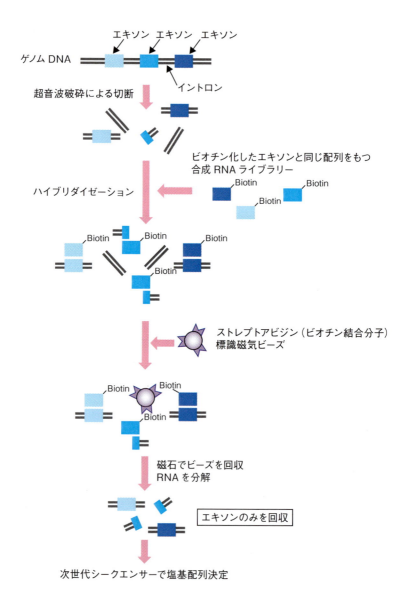

図 10.8　全エキソーム解析

10.2.2 疾患の確定診断のためのゲノム編集

「順」遺伝学アプローチによる原因変異探索の基本的な考え方は，疾患（患者）に特異的に検出される塩基配列の変化を見つけることである．つまり，「順」遺伝学アプローチとは，疾患と特定の塩基配列との「相関関係」から候補変異を抽出する手法である．症例数の多い疾患については，疾患と候補変異との「相関関係」の統計的信頼性を増やすことができる．しかし，数十万人から100万人以上に1人といったような稀少な疾患では，候補変異が見つかったとしても，実際に発症を引き起こす変異であることを少ない症例で証明することは困難である．そこで，「逆」遺伝学アプローチを用いて，候補変異と疾患との間の「因果関係」を実証することで直接的に診断することが有効になる．

ゲノム編集技術を用いた遺伝病の確定診断の一例として，小児がんが多発する稀少な劣性遺伝病である染色分体早期解離（PCS）症候群の研究がある．この疾患は，正確な染色体分配を監視する分裂期チェックポイントの中心分子 *BubR1* 遺伝子のエキソン内変異で発症することがわかっていた．しかし，ある日本人症例では，エキソン内変異が認められないが BubR1 タンパク質が減少していた．次世代シークエンサー解析により，*BubR1* 遺伝子上流44kbの「G」が「A」に置換する日本人症例と相関する変化が見つかった[10-3]．次に，TALEN と特殊な抗生物質耐性遺伝子ベクターを用いて，2回のゲノム編集を行うことによってこの一塩基置換だけをヒト不死化細胞に「ノックイン」したところ（図10.9），*BubR1* 遺伝子の mRNA およびタンパク質の低下が生じて，患者細胞で見られる染色体数の不安定化が再現された[10-3]．このように，ゲノム編集技術を用いて，日本人 PCS 症候群患者が *BubR1* 遺伝子の転写障害病であると確定診断された．

近年の次世代シークエンサーを用いた原因変異探索から，多くの疾患で *de novo*（デノボ：「新たに生じる」の意味）変異が報告されており，ゲノム編集法を用いた診断法の重要なターゲットである．*de novo* 変異は，生殖細胞が形成される際に新たに生じる変異であり，両親の体細胞には検出されず，患者の体細胞でのみ検出される．これまでの遺伝学研究から，*de novo*

第10章　医学分野でのゲノム編集の利用

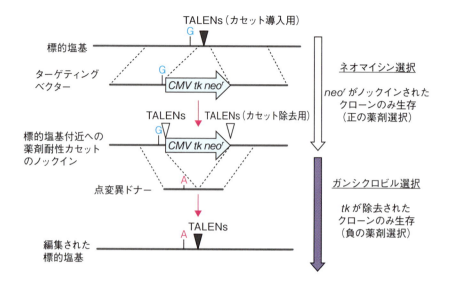

図 10.9　2段階のゲノム編集による一塩基編集

変異の約80％は精子（父親）に由来しており，加齢によって精子の *de novo* 変異の発生率が増加することが報告されている[10-4]．したがって，典型的なメンデル遺伝病の変異と異なり，*de novo* 変異の確定診断には家族歴や連鎖解析を用いることができない．*de novo* 変異が問題となる疾患として，発達障害の1つであり症例数が増加している自閉症がある．自閉症は約80％が多因子疾患であり，3％程度が単一遺伝子疾患とされており，約10％は *de novo* 変異によると概算されている[10-5]．晩婚化にともなう高齢出産について，母親の加齢が卵子の染色体不分離を促進してダウン症（21番染色体のトリソミー）などのリスク因子となるのに対して，父親の加齢も *de novo* 変異のリスク因子として考慮されており，*de novo* 変異の診断はゲノム医学の重要課題である．*de novo* 変異の有効な診断法として，CRISPR-Cas9 と，候補変異をもつドナー DNA として100塩基弱の一本鎖オリゴ DNA（ssODN：single-stranded oligodeoxynucleotides）を用いて，ヒト培養細胞に候補変異をワンステップで「ノックイン」して病態への効果サイズを評価する手法

がある．ssODN はゲノム DNA に非特異的に挿入されるリスクがなく，低コストですぐに合成できるので，候補変異情報のドナーとして注目されている．CRISPR-Cas9 と ssODN によるゲノム編集は，受精卵ごとに両者を直接導入することのできる，発生工学分野ではすでに確立した手法である．培養細胞レベルでは，両者を均一に導入することが難しく，「ノックイン」できた細胞を効率的に濃縮する工夫が必要である．例えば，「ノックイン」された iPS 細胞を含む集団の限界希釈を繰り返してクローンを濃縮する sib-selection 法が報告されている[10-6]．このように，ゲノム編集を用いた簡便なノックイン技術は，疾患の遺伝素因の確定診断法として重要な技術として発展している．

10.2.3 ゲノム編集による疾患の治療

ゲノム編集の医療応用は，第一世代の人工 DNA 切断酵素 ZFN を用いたエイズ（AIDS：後天性免疫不全症候群）治療法の開発が最も進んでおり，すでに海外では臨床試験が実施されて第 1 相治験でその安全性は確認されている．エイズは，ヒト免疫不全ウイルス（HIV）が免疫反応をコントロールする T 細胞に侵入して T 細胞が枯渇するため，エイズ患者では，健常者では病原性を示さないウイルスなどでも重篤な感染症（日和見感染）や白血病によって死に至る疾患である．これまでに，抗 HIV 薬剤の開発によって，HIV 感染者のエイズ発症の遅延やエイズ関連死を大きく低減できるようになっている．しかし，標準的な治療法では患者の体内から HIV を完全に排除することはできない．一方，HIV に対して感染抵抗性を示すヒト集団の一群（白人の約 1%）が存在することが知られている．HIV は T 細胞の生体膜に存在する CCR5 という膜タンパク質と結合して T 細胞内に侵入するが（図 10.10），HIV 感染抵抗性を示す人々は *CCR5* 遺伝子が欠損している．興味深いことに，これらの人々には健康・寿命に有意な異常がないことから，*CCR5* 遺伝子は生存には必須でない遺伝子と考えられている．2009 年には，*CCR5* 遺伝子欠損したヒトの骨髄が HIV 感染者に移植され，患者体内の HIV が駆逐された[10-7]（図 10.11）．しかし，骨髄移植に適合する *CCR5* 遺

第 10 章　医学分野でのゲノム編集の利用

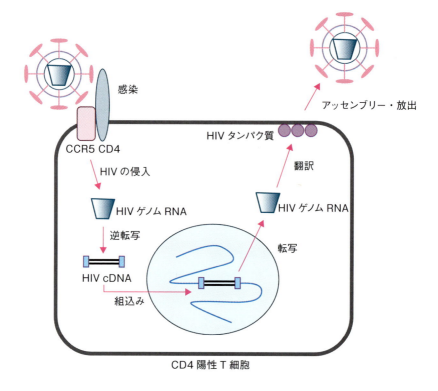

図 10.10　細胞レベルでの HIV の感染機構

伝子欠損したドナーを探すことは確率的にきわめて困難であり，現実的な根治療法とは言えない．そこで，HIV 感染者の末梢血から T 細胞を回収して，試験管内で ZFN を用いて T 細胞の *CCR5* 遺伝子を欠損させて患者体内に戻す治療法が考案された[10-8]．この治療法は，移植前に人工 DNA 切断酵素によるオフターゲット作用や編集細胞の特性を確認できる点で安全性は高く，今後 HIV の根治療法として実施例が増加することが予測される．このように生体外で（*ex vivo*）ゲノム編集を行い，ゲノム編集細胞を体内に戻す方法は，生体外での培養技術および細胞移植技術が確立している造血系疾患に有効であると考えられる．2015 年には，急性リンパ性白血病（ALL）の女児に，TALEN を用いて骨髄移植時に問題となる免疫反応に関連する T 細胞受容体

10.2 疾患の診断・治療のためのゲノム編集

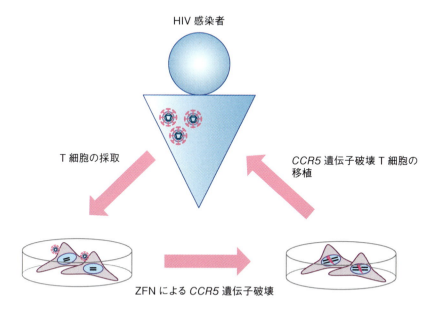

図 10.11 ゲノム編集による HIV の治療法

　遺伝子を改変したドナー（別人）の腫瘍認識 T 細胞（UCART-19）が移植され，寛解した事例が報道された．また，今後は患者由来 iPS 細胞でのゲノム編集による遺伝子治療を試験管内で行い，患部組織に分化誘導して患者体内に移植する再生医療が展開されることが期待されている．

　生体内（$in\ vivo$）でゲノム編集を行う治療について，現在ヒトでの臨床事例は報告されていないが，臨床応用を見据えて疾患モデルマウスでの研究が精力的になされている．PCSK9（LDL 受容体分解促進タンパク質）阻害剤は，細胞へのコレステロールの取り込みを担う LDL 受容体量を増加させて，血中コレステロールを低下させるため，動脈硬化のリスクを高める高コレステロール血症（高脂血症）の治療薬として注目されている．PCSK9 を標的とする CRISPR-Cas9 をマウス肝臓に AAV ベクター（アデノウイルス随伴ベクター）を介して導入すると，40％以上の肝細胞で *PCSK9* 遺伝子が破壊され，血中コレステロールが 40％低下した[10-9]．この他にも，動物実験レベルでの

ゲノム編集の生体内治療法の成功例は，血友病モデルマウスやB型肝炎ウイルス感染症などで報告されている[10-10]．しかし人体でのゲノム編集治療は，人工DNA切断酵素の伝達手法の安全性，標的遺伝子の改変効率の向上，オフターゲット変異頻度の低減など，標準的な治療法になるまでには解決すべき課題が山積している（図10.12）．

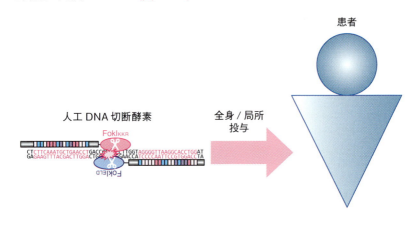

図10.12　生体内でのゲノム編集治療

体細胞におけるゲノム編集治療に比較して，生殖細胞系列におけるゲノム編集治療（図10.13）は，技術的安全性に加えて倫理的・社会的問題を考慮する必要がある．2015年に，発生過程が途中で停止することがわかっている三倍体のヒト受精卵のβ-ヘモグロビン遺伝子をCRISPR-Cas9とssODNを用いて改変した論文が中国のグループから発表された[10-11]．Natureなどの編集部が，倫理的な問題があるとして論文を受理しなかったことが話題となり，ヒトの生殖細胞系列におけるゲノム編集治療の可能性とその問題点が世界的に提起された．同年12月に行われた米国ワシントンDCで開催された国際ゲノム編集サミットでは，基礎研究に限りヒト受精卵でのゲノム編集が

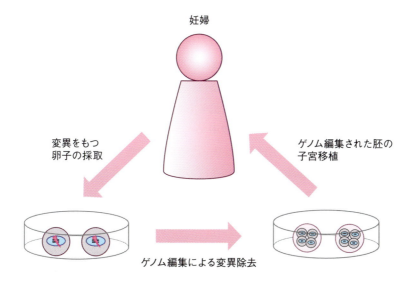

図 10.13　生殖細胞系列でのゲノム編集治療

容認され，編集された受精卵の妊娠は原則禁止の声名が発表された．生殖細胞系列の変異修復しか根治療法のない多くの遺伝病にとっては，生殖細胞系列のゲノム編集治療は大きな可能性をもっているため，技術的，倫理的な議論が継続している．

10.3　創薬とゲノム編集

10.3.1　CRISPR-Cas9 全遺伝子ノックアウトライブラリー

ヒトゲノム上には，約 2 万個のアミノ酸をコードする遺伝子がある．2014 年に米国のグループから，ヒトゲノム上の全遺伝子に対する sgRNA と Cas9 タンパク質を発現することができるヒト全遺伝子ノックアウトライブラリーの作製が報告された[10-12]．皮膚がんの一種である悪性黒色腫（メラノーマ）は，細胞増殖を促進するシグナル経路 MAPK 経路を構成する *BRAF* 遺伝子が恒常的に活性化する変異（V600E）によって発症する．メラノーマに対する標準薬として，BRAF 阻害剤ベムラフェニブ（vemurafenib）が使用されるが，他の抗がん剤と同様にメラノーマ細胞のベムラフェニブ耐性獲得が臨床的な

問題である．全遺伝子ノックアウトライブラリーを導入されたメラノーマ細胞にBRAF阻害剤を処理した後も生存した細胞がもっていたCRISPR-Cas9のsgRNAの塩基配列を調べたところ，6つの遺伝子欠損によって薬剤耐性が獲得されていた[10-12]（図10.14）．これらの遺伝子はベムラフェニブをメラノーマに奏効させるために必要な遺伝子であり，これらの遺伝子の働きを活性化する薬剤はメラノーマ治療の創薬ターゲットとなる．また，ゲノム編集技術で作製された疾患モデル細胞を使って病態を改善するような化合物をスクリーニングして，新薬の開発につなげる動きもある．このように，人工ヌクレアーゼ自体が標的遺伝子に対する治療薬として医療応用されるだけでなく，CRISPR-Cas9のヒト全遺伝子ノックアウトライブラリーは創薬ターゲッ

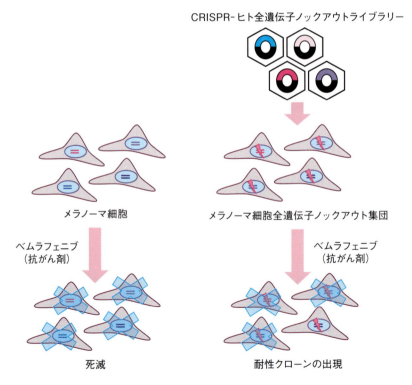

図10.14　CRISPR-ヒト全遺伝子ノックアウトライブラリー

トの開拓に有用なツールである．

10.3.2　個別化医療とゲノム編集

現在の標準的な医療は，診断された疾患が同じであれば，同じ治療薬が適用される．しかし，同じ治療薬を投与されてもその治療効果には個人差があり，一部の患者には強い副作用が出ることもある．そこで，個人に適合した（オーダーメイドな）治療方針による医療（**個別化医療**）の推進が提唱されている（図 10.15）．ゲノム医学の進展によって，治療薬の効果は，多因子疾患と同様に，遺伝要因と環境要因によって決定されることがわかってきた．したがって，個別化医療には，治療薬の効果を予測診断できる遺伝マーカーが重要になる．近年，米国ではこのようなゲノム情報に基づいた診断や治療を**精密医療**（precision medicine）とよんでおり，医療政策への反映が計られている．これまでに，多くの薬剤効果に関する遺伝マーカーの候補となる SNP が GWAS 解析によって報告されている．しかし，「因果関係」を反映している薬剤効果マーカーは数が少なく，今後ゲノム編集技術を用いた逆遺伝学アプローチによる検証によって信頼性の高いマーカーの同定が期待される．

薬剤だけでなく放射線に対する応答性も個人差があることが知られてい

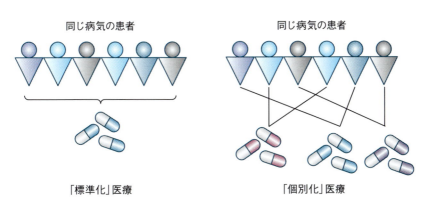

図 10.15　標準化医療と個別化医療

る．放射線はコンピューター断層撮影（CT）やがん治療などに利用されており，原発事故などの放射線災害だけでなく，放射線被曝のリスク管理は医学的に重要な課題である．放射線はゲノムDNAに二重鎖切断をランダムに導入して，遺伝子変異や細胞死を誘導する．ヒト細胞は放射線による遺伝情報の不安定化を防ぐため，DNA修復システムを発達させて，DNA二重鎖切断を認識して再結合（修復）する．現在，ゲノム編集を用いて，放射線応答に対する個人差を規定するDNA修復遺伝子上のSNPの探索が進行している．

　現在，世界的に寿命が延び，がん，心臓病，糖尿病，高脂血症など生活習慣病が原因の死亡例が増加している．これらの疾患の進行は緩やかであるが，発症時には手遅れになっているケースも多い．そこで，これらの疾患のハイリスク者を「因果関係」に基づく遺伝マーカーを用いて発症「前」診断を行い，発症「前」介入を行うことで疾患を予防することが求められている．このような医療を，「**先制医療**」とよんでおり，日本の科学技術政策でも提唱されている．高齢化社会の進む日本では2015年に年間の国民医療費が40兆円を超えており，先制医療は医療費抑制の重要なアプローチである．先制医療の根幹をなすのは「因果関係」に基づく診断用遺伝マーカーであり，ゲノム編集は診断用遺伝マーカーの精度保証を行う重要な技術である．

10章 参考書

井村裕夫・稲垣暢也 編（2015）『先制医療　実現のための医学研究』羊土社．
福嶋義光 監修，日本人類遺伝学会第55回大会事務局 編（2013）『遺伝医学やさしい系統講義18講』メディカル・サイエンス・インターナショナル．
山本 卓 編（2014）『今すぐ始めるゲノム編集』羊土社．

10章 引用文献

10-1) Takahashi, K. *et al.* (2007) Cell, **131**: 861-872.

10-2) Liu, G. H. *et al.* (2011) Nature, **472**: 221-225.

10-3) Ochiai, H. *et al.* (2014) Proc. Natl. Acad. Sci. USA, **111**: 1461-1466.

10-4) Kong, A. *et al.* (2012) Nature, **488**: 471-475.

10-5) Weintrub, K. (2011) Nature, **479**: 22-24.

10-6) Miyaoka, Y. *et al.* (2014) Nature Methods, **11**: 291-293.

10-7) Hutter, G. *et al.* (2009) N. Eng. J. Med., **360**: 692-698.

10-8) Tebas, P. *et al.* (2014) N. Eng. J. Med., **370**: 901-910.

10-9) Ran, F. A. *et al.* (2015) Nature, **520**: 186-191.

10-10) Li, H. *et al.* (2011) Nature, **475**: 217-221.

10-11) Liang, P. *et al.* (2015) Protein Cell, **6**: 363-372.

10-12) Shalem, O. *et al.* (2014) Science, **343**: 84-87.

第11章　ゲノム編集研究を行う上で注意すること

田中伸和

> ゲノム編集技術で作製された遺伝子改変生物は，どのようなゲノムの改変が生じたかによってその扱い方が異なってくる．また，研究開発レベルでの扱い方と，その後の産業利用を目指した実際の扱い方では違ってくるであろう．産業利用を目指した扱い方については，国内では関係省庁が個別に対応するところであり，今後の状況によって変わってくる可能性があるので，本章では，大学や研究機関，企業などで行われる研究開発段階に絞ったゲノム編集生物の扱い方について述べる．

11.1　ゲノム編集生物のレベル

　ゲノム編集とは，ゲノム上の特定のDNA配列（標的配列）を認識する部位特異的ヌクレアーゼ（SDN：site-directed nuclease）を利用して，思い通りにゲノムDNA配列を改変する技術である．その原理についてはすでに第1章で丁寧に説明されているので，そちらをご覧いただきたい．

　ゲノム編集に利用されている編集ツールとしては，ZFN（zinc finger nuclease），TALEN（transcription activator-like effector nuclease），そしてCRISPR（clustered regularly interspaced short palindromic repeats）-Cas9（CRISPR-associated protein 9）がある．ZFNとTALENは，ゲノムDNAの標的配列を認識し結合する部位とDNAを切断するヌクレアーゼ部位とで構成されるひと繋がりのタンパク質である．一方，CRISPR-Cas9は，ゲノムDNAの標的配列に結合するRNA（sgRNA：single guide RNA）と，sgRNAに結合してゲノムDNAを切断するCas9とよばれるヌクレアーゼで構成される．これらのいずれかの編集ツールを用いてゲノム編集が行われるが，その使われ方には大きく分けて3つある[11-1]．1つめはZFN-1（SDN-1とも言

11.1 ゲノム編集生物のレベル

われる）で，ゲノム編集ツールを細胞に導入すると，二本鎖DNAの切断（DSB：double-strand break）が起こり，末端の配列同士は細胞がもともともっている修復機構でまったく元通りに連結されるか，非相同末端結合（NHEJ：non-homologous end-joining）によって点変異（PM：point mutation）や数塩基の挿入・欠失（indel），あるいはもう少し長いDNA配列の欠失が起こったゲノムDNAとなる（図11.1, 左）。2つめはZFN-2（SDN-2）で，標的配列が含まれるゲノムDNA配列と相同なDNA配列の特定部位に点変異や挿入・欠失などの変異を入れ，このDNAをゲノム編集ツールと共に細胞に導入すると，標的配列の切断修復の際に相同組換え（HR：homologous recombination）によって導入DNAがゲノムDNAと組み換わり，特定部位に変異が生じたゲノムDNAとなる（図11.1, 中央）。3つめはZFN-3（SDN-3）で，標的配列周辺のゲノムDNA配列と相同なDNA配列の中に外来遺伝

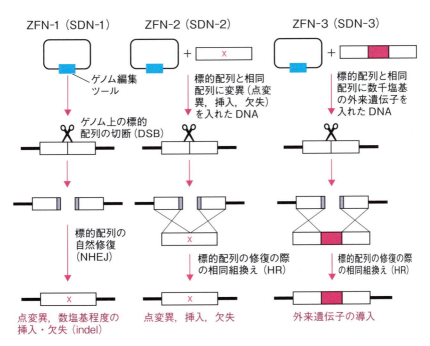

図11.1 ゲノム編集のレベル

子を組み込み，このDNAをゲノム編集ツールと共に細胞に導入すると，修復の際にHRによって導入DNAがゲノムDNAと組み換わり，標的部位に外来遺伝子が導入される（図11.1，右）．ZFN-3ではゲノムに本来存在しないDNA配列が導入されるので，遺伝子組換え生物として扱われる．一方，ZFN-1およびZFN-2では，編集後のゲノム中にツールに用いたDNA配列などの挿入が認められない限りは遺伝子組換え生物に該当しないと考えられる．しかし，これらの解釈が正しいかどうかについての明確な判断は下されておらず，ここにゲノム編集生物の扱い方の難しさがある．

11.2 法律による遺伝子組換え生物の取り扱いの規制

11.2.1 カルタヘナ法

ここでは遺伝子組換え生物の取り扱いの規制について説明する．まずは遺伝子組換え技術が勃興した約40年前に話をさかのぼらせていただきたい．なぜ勃興期にまでさかのぼるかというと，当時の状況がゲノム編集技術が拡大しつつある現状とよく似ているように思われるからである．

1970年代に始まった遺伝子組換えは，制限酵素とDNAリガーゼを用いて異種生物由来のDNAを自在につなぎ合わせて細胞に導入することで新たな機能をもたせた生物を作り上げることができる衝撃的な技術であり，生命科学研究に革命をもたらした．一方，この技術で作製された遺伝子組換え生物はこれまで自然界に存在しないものであり，潜在的な危険性（バイオハザード）が危惧された．遺伝子組換え研究の先駆者であったスタンフォード大学のポール・バーグ（Paul Berg）は，「遺伝子組換え（組換えDNA）によってヒトに癌を発生させたり，新たな病原性をもつような生物ができてしまうかもしれない」との懸念をもち，1975年に米国のカリフォルニアのアシロマセンターに世界中から約140名の分子生物学者を集め，「遺伝子組換え生物による潜在的なバイオハザードを処理する適切な方法」について議論した．これが有名な「アシロマ会議」で，科学者が自らの実験の危険性を事前に察知し，これを一時的に自粛したうえで，実験のリスクを最小にとどめるための対処方法を議論した画期的な事件と言われている．このとき，遺伝子

組換え実験のリスクを最小にとどめる手法として，遺伝子組換え生物を実験室から出さないための「物理的な封じ込め」と，実験室から出てしまっても環境中で生きられない宿主を用いる「生物学的封じ込め」が初めて提案された．このアシロマ会議を受けて，1976年にNIH（アメリカ国立衛生研究所）は最初の組換えDNA実験ガイドラインを策定した．日本でもこのガイドラインを参考に，1979年に大学等を対象とした「大学等における組換えDNA実験指針」（文部省）と，大学等以外を対象とした「組換えDNA実験指針」（科学技術庁）が出され，その後の省庁の統合で「組換えDNA実験指針」（文部科学省）となり，遺伝子組換え実験の安全管理の基本となった．

　1990年代には，遺伝子組換えには大腸菌などの微生物に加え，動物，植物が宿主として用いられるようになり，産業的な利用が始まることで遺伝子組換え生物の国際間でのやり取りがさかんになった．一方，遺伝子組換え生物が実験室から環境中へ拡散することで生態系に悪影響を及ぼすのではないかという新たな懸念が加わった．いわゆる環境リスクである．1993年に生物の多様性に関する条約（生物多様性条約）が発効し，同年に日本も締結した．1999年に，南米コロンビアのカルタヘナで，遺伝子組換え生物を国際間で移動させる際，生物多様性の保全と持続可能な利用に悪影響を及ぼさないように取り扱うための規制に的を絞った会議が開催され，その枠組みを定めた「バイオセーフティに関するカルタヘナ議定書」が作成され，翌年採択された．この議定書が発効した2003年に日本も締結し，2004年に国内法として「遺伝子組換え生物等の使用等の規制による生物の多様性の確保に関する法律」が施行された．この法律はカルタヘナ議定書にちなんで通称「カルタヘナ法」とよばれており，遺伝子組換え生物を屋外で利用する「第一種使用等」と，実験室などの閉鎖系で利用する「第二種使用等」について定められている．なお，第二種使用等について定められた二種省令（研究開発等に係る遺伝子組換え生物等の第二種使用等に当たって執るべき拡散防止措置等を定める省令）は，概ね「組換えDNA実験指針」を踏まえたものになっている．

11.2.2 遺伝子組換え生物の定義

カルタヘナ法では，生物を「核酸を移転し又は複製する能力のある細胞または細胞群，ウイルス及びウイロイド」と定義しており，自然界で組換え核酸を保有した状態で増殖するか，あるいは保有している組換え核酸を他の細胞に移すものが該当する．したがって，通常は生物とされないウイルスやウイロイドを生物としているが，自然界で増殖できない死んだ生物，培養細胞やES細胞，動物の組織や臓器などは生物としていない．

また，カルタヘナ法では遺伝子組換え生物を「細胞外で核酸を加工する技術すなわち組換えDNA技術，または異なる分類学上の科に属する生物の細胞融合技術で得られた核酸またはその複製物を有する生物」と定義している．異なる科の生物間での細胞融合生物も含まれてはいるが，一般的に遺伝子組換え生物は外来（異種）遺伝子が導入されている生物と定義してよいだろう．

ところで，ある生物種から取り出した核酸を加工し，同じ種の生物の細胞に導入することを「セルフクローニング」とよぶ．例えば，大腸菌から取り出したDNAを制限酵素などで切断した後，DNAリガーゼで結合し，同種の大腸菌に導入する場合である．また，ある生物種の細胞に，自然条件において核酸を交換できる種から取り出した核酸を導入することを「ナチュラルオカレンス」とよんでいる．しかし，実際には遺伝子の点変異や一部欠失などで同一の遺伝子変異が自然界に存在する場合もこれに当てはまるようであり，例えば，あるウイルスのゲノムを加工して自然界に存在する点変異を入れたウイルスを作製する場合が挙げられる．これらは自然界で起こりうる現象を模倣しており，生物多様性に悪影響を及ぼさないと考えられるので，カルタヘナ法では遺伝子組換え生物には該当しないことになっている．一方，ゲノム編集技術で作製された生物には「セルフクローニング」や「ナチュラルオカレンス」とよんでよいものが含まれるが，その判断は容易ではない．この問題についてはあとで少し触れる．

11.2.3 拡散防止措置とは

二種省令には，遺伝子組換え生物が実験室外に拡散しないための拡散防止

措置が定められている．ここには，遺伝子組換え生物の種類に合わせた実験室や実験区域，動植物の飼育栽培室の構造とそこに設置すべき設備，ならびに遺伝子組換え生物が拡散しないための手法など，いわゆる「物理的な封じ込め」について示してある．しかし，微生物，動物，植物と大括りの拡散防止措置が示してあるのみで，多様な生物種の各々に対しての適切な拡散防止措置の手法は示されていない．したがって，遺伝子組換え生物を使用する側がどのようにすれば適切な拡散防止措置を執ることができるのか考えなければならない．

　各々の生物種に対して適切な拡散防止措置を執るには，その生物種の特性，例えば，生存方法や生息場所，拡散方法，増殖や受精の方法，配偶子や幼生などについてよく理解しておく必要がある．拡散方法というのは，その生物がどのようにして実験室から外に出ていくかということである．植物であれば自分で勝手に動き回る心配はないが，花粉が風に乗って飛散することがあり得る．動物であれば，走る，飛ぶ，泳ぐなどして逃げ出す．したがって，これらに対応できるような実験室と設備を備えておく必要がある．例えば，モデル動物であるマウスやラットは，容易に逃げ出すことができないように設計された専用の飼育室で飼育されるため，人為的なミスがない限りはほぼ逃げ出すことはないであろう．一方，モデル動物であっても，ショウジョウバエなどの昆虫やメダカなどの小型魚類，センチュウなどは，マウスとはまったく特性が異なるので，マウスの飼育室は使用できず，それぞれの動物種に合った飼育室を使って適切な拡散防止措置を執る必要がある．これらの拡散防止措置の方法については，全国大学等遺伝子研究支援施設連絡協議会のホームページで「各種遺伝子組換え動物の拡散防止措置の例」が示されているので，一度閲覧してみるとよい．

11.3　ゲノム編集生物の作製プロセスにおける扱い

11.3.1　ゲノム編集ツールの作製と増幅のプロセス

　ゲノム編集実験においてゲノム改変生物を作製するには，最初のプロセスでゲノム編集用のツール（人工DNA切断酵素）を作製することが必要である．

第 11 章　ゲノム編集研究を行う上で注意すること

　ゲノム編集ツールには，ZFN，TALEN，CRISPR-Cas9 があるが，これらの編集ツールの多くは大腸菌を用いた遺伝子組換え実験で作製されると思われる．CRISPR-Cas9 においては，合成した sgRNA と市販の Cas9 タンパク質を購入することで，大腸菌による遺伝子組換え実験を行わなくてもよい場合がある．また，自分で抽出したプラスミドなどを用い，*in vitro* で sgRNA や Cas9 タンパク質などの作製を行うなら，遺伝子組換え実験にはならない．

11.3.2　ゲノム編集生物の作製のプロセス

　ゲノム編集実験の次のプロセスでは，ゲノム編集用のツールを細胞に導入し，ゲノムの切断と修復の際にゲノム改変を起こさせるが，これにはいくつかの手法がある．はじめに，宿主となる細胞として，ES 細胞，iPS 細胞を含む動物培養細胞や植物培養細胞を用いる場合，これらはカルタヘナ法では生物とみなされないので，遺伝子組換え実験にはならない．しかし，ゲノム編集ツールを組み込んだウイルスやバクテリアを培養細胞に接種して導入する場合，これらが遺伝子組換え生物に当たるので遺伝子組換え実験になる．また，配偶子（卵，精子）や受精卵の場合や動植物個体を宿主とする場合，これらは生物とみなされるので，遺伝子組換え実験になる場合がある．

　次にどのようなゲノム編集ツールを導入するかについて述べる．まず，ゲノム編集ツールをタンパク質として導入する場合であるが，カルタヘナ法では「細胞外で核酸を加工する技術，すなわち組換え DNA 技術で得られた核酸またはその複製物」を有する生物が遺伝子組換え生物であり，タンパク質は規制対象になっていない．したがって，ゲノム編集ツールをタンパク質で導入する場合は遺伝子組換え実験にならない．では RNA はどうであろうか．ここでは，ゲノム編集ツールを mRNA の形で導入して翻訳させる場合や，Cas9 と組み合わせる sgRNA を導入する場合などで，RNA は徐々に分解される一過的な使用と考えられるが，「核酸」の導入であるため遺伝子組換え実験に該当するか否かの判断はまだ定まっていない．ゲノム編集ツールをプラスミド DNA の形で導入したり，HR による遺伝子への点変異や挿入・欠失の導入や外来遺伝子導入のために二本鎖 DNA（dsDNA）や一本鎖オリ

ゴ DNA（ssODN）を導入したりする場合は，生物を宿主にするなら遺伝子組換え実験となる．ssODN の場合は，二本鎖 DNA の導入に比べてゲノムにランダムに挿入される可能性は低いが，いずれにしても「細胞外で核酸を加工する技術で得られた核酸またはその複製物」を有することになり，カルタヘナ法の規制の対象になる．

11.3.3　ゲノム編集ツールの宿主細胞への導入法

ゲノム編集ツールを宿主細胞に導入する方法は生物種によって異なる．まず動物の場合であるが，ES 細胞や iPS 細胞をはじめとする培養細胞にツールを導入するためには，リポソームを利用したリポフェクション法やエレクトロポレーション法などの非ウイルスベクター系と，アデノ随伴ウイルス（AAV），アデノウイルス，レトロウイルス，レンチウイルスなどのウイルスベクター系を使用することが多い．前者は培養細胞へのタンパク質や核酸の導入であり遺伝子組換え実験には該当しない．一方，後者は遺伝子組換え技術で作製されたウイルスベクターを使用するため遺伝子組換え実験（微生物使用実験）になる．また，ゲノム編集ツールをマイクロインジェクションで受精卵に導入する場合や動物個体へ直接導入する場合は，ツールがタンパク質でない限りは遺伝子組換え実験（動物作製実験）として扱う．ただし，RNA の導入は前述のとおり判断が定まっていない．以上をまとめて表 11.1 に示した．

表 11.1　動物でのゲノム編集生物の作製過程における扱い：遺伝子組換え実験に該当するかどうか

ツール		培養細胞	配偶子（卵，精子）と受精卵	個体
非ウイルスベクター系	タンパク質	該当しない	該当しない	該当しない
	RNA	該当しない	解釈が定まっていない	解釈が定まっていない
	DNA	該当しない	該当する	該当する
ウイルスベクター系	DNA	該当する	該当する	該当する

植物については，動物培養細胞と同様に，細胞壁を除去したプロトプラストにゲノム編集ツールを直接送り込むことも可能であり，これは遺伝子組換え実験にはならない．また，薬剤耐性遺伝子をツールにつなげてプロトプラストに導入し，薬剤耐性でツールが導入された細胞を選抜することもできるが，そこから植物体を再生させるなら遺伝子組換え実験（植物作製実験）となる．また，多くの植物ではプロトプラスト法より，アグロバクテリウムを用いた形質転換法によってゲノム編集ツールを宿主細胞のゲノムに挿入し，ツールを発現させてゲノム編集を行わせる場合が多いと思われる．このとき，ツールを保有するアグロバクテリウムが遺伝子組換え生物であることから遺伝子組換え実験（植物接種実験）となり，さらに植物体を再生させるなら植物作製実験となる．

11.4 ゲノム編集で作製された生物

11.4.1 ZFN-1 の場合

NHEJ によって点変異や数塩基の挿入・欠失を起こさせた場合で，ゲノム編集ツールが細胞内外に残存しない（すなわち，外来遺伝子が存在しない）のであれば，カルタヘナ法上は遺伝子組換え生物に当たらないため，規制の対象外になると考えられる．しかし，挿入配列については，ゲノム編集ツール由来でないかどうか，数塩基より長い場合は，どれくらいの挿入までが許容範囲であるのかについての判断が難しい．また，本来の標的であるゲノム配列以外の配列が改変される，いわゆるオフターゲットが起こる可能性がある．

11.4.2 ZFN-2 の場合

ZFN-2 では，ゲノム編集ツールとともに点変異や挿入・欠失などの変異が入った dsDNA もしくは ssODN を導入し，標的配列の切断の際に HR によって変異が入った DNA 配列が組み込まれる．導入された DNA 配列が標的のゲノム DNA 配列と置き換わるだけであるが，前述のオフターゲットの可能性のほか，導入 DNA 配列がランダムに挿入される可能性もある．このとき

宿主細胞のゲノム配列とほぼ同じ配列が挿入されるので「セルフクローニング」と解釈できないこともないが，カルタヘナ法の規制対象外にできるかの判断は難しい．また，標的部位のみが置き換わったとしても，どれくらいの数の点変異やどれくらいの長さの挿入・欠失が「ナチュラルオカレンス」として認められるかについての基準もまだない．場合によっては，導入したDNA配列が外来（異種）遺伝子と見なされ，遺伝子組換え生物として扱われる可能性もあり得る．

11.4.3　ZFN-3の場合

ZFN-3では，ゲノム編集ツールとともにdsDNAもしくはssODNを導入し，切断の際にHRによってDNA配列が挿入される．その結果，本来宿主が持たない外来（異種）遺伝子がゲノム中に存在する遺伝子組換え生物としてカルタヘナ法による規制の対象となる．

11.4.4　自主的な管理が必要とされるところ

以上のように，ZFN-3においては明確な遺伝子組換え生物としてカルタヘナ法で規制できるが，ZFN-1およびZFN-2で作製された場合は，遺伝子組換え生物でないといえるかどうか判断が難しい．また，ゲノム編集技術は新しい技術であるため，どのようなリスクが存在するか不明なところが多い．例えば，ZFN-1について，ランダムな点変異や挿入・欠失が生じることで遺伝子のノックアウトが起こるが，変異の入り方によってはその遺伝子の機能に変化が生じることもあり得る．これが酵素であれば活性部位や制御部位の変異によって活性が増大したり，阻害剤への感受性の減少や喪失が生じたりすることもあり得る．同様な変異は薬剤による化学的な変異あるいは紫外線や放射線による物理的な変異でも生じることであるので，必ずしもリスクが高いというわけではないと思われるが，ゲノム編集の場合はあらかじめ標的となる遺伝子の改変でどのような変化が生じるか予想できるから，それを踏まえたうえでのリスク予測が可能であろう．オフターゲットについても，ゲノムがすでに解読されている生物種では，その部位が予想できるので，そ

第11章　ゲノム編集研究を行う上で注意すること

の変異リスクも予測可能と思われる．また，ZFN-2では，変異を入れた相同DNA配列がプラスミドに挿入されていた場合には，ランダムな挿入でプラスミドともどもゲノムに挿入される可能性がある．これはゲノムに外来DNAが含まれることを意味し，遺伝子組換え生物として扱われることになるので，その確認が必要となる．

　いずれにしても，ゲノム編集を経た生物では標的配列以外に何らかのゲノムの改変が起こる可能性を考慮し，その可能性が排除されるまでは遺伝子組換え生物に準じた扱いをすることが望ましい．また，標的遺伝子の改変によってその生物がどのように変化するかは予測できるので，これに基づいてしっかりとしたリスク評価を行っておく必要がある．なお，リスク評価は個々の研究者に委ねるのではなく，研究者が所属する大学や研究所，企業などの機関の遺伝子組換え実験安全委員会などが責任をもって行う必要があるだろう．

11.4.5　ゲノム編集生物の屋外での利用

　作製したゲノム編集生物で期待通りのゲノム改変が起こり，オフターゲット変異やランダムなツールの挿入などがないことが確認されたら，その後はどのように扱われるべきであろうか．ZFN-3の場合は外来遺伝子を保有することから，遺伝子組換え生物としてカルタヘナ法に従って扱えばよい．一方，ZFN-1とZFN-2については，外来遺伝子が存在しない場合はカルタヘナ法の対象から外れる可能性がある．すなわち，実験室での使用についても特段の拡散防止措置を必要とせず，屋外での使用も可能ということになる．しかし，ゲノム編集技術の歴史が浅いことから，世界的にもその扱いに対して明確な基準が定まっていない．

　ここでは，最も議論が進んでいる農作物についての国際的な動向について少し触れよう．農作物すなわち植物では，ゲノム編集ツールをコードしたDNAをいったん宿主ゲノム中に挿入し，そこから発現したツールを用いてゲノム編集植物を作製する．このとき，ゲノム編集植物は遺伝子組換え生物となる．次に，交配によってゲノム編集ツールをもたない系統（null segregant）を選び出す．ヨーロッパでは，EU のリスク管理機関である欧州委員会が，現行の遺伝子組換え規制においてこのようなゲノム編集農作物をどのように取り扱うべきか検討を行っているが，その法的な解釈についてはまだ公表されていない．ニュージーランドでは，ゲノム編集で作製されたマツがいったん遺伝子組換え生物としての規制から除外されたものの，その後の NGO による訴訟の結果，除外が無効となってしまい，そのため現在除外生物の定義について検討中である．一方，カルタヘナ議定書を締結していない米国では，遺伝子組換え農作物のための特別な法律が定められておらず，農務省（USDA），食品医薬品局（FDA），環境保護庁（EPA）が既存の法律の手直しをしながら遺伝子組換え規制を運用しており，これらの下で事案ごとに個別に判断することになっている[11-2]．最近，USDA は，ゲノム編集で作製された新品種・系統の一部については規制の対象外であるとの判断を下している．

このような状況下では国際的な整合性が必要であるため，日本ではまだゲノム編集農作物の扱いについて公式な見解が出されていない．現在，農林水産省ではゲノム編集農作物について，研究開発段階では前述のように外来遺伝子等が残存する個体（中間体）を扱うため，現行のカルタヘナ法に基づいた適正な管理が必要としている．最終的に商品化する品種については，外来遺伝子を有していない場合は規制から除外される可能性もあるため，事案ごとに個別に判断するようである．

11.5 遺伝子ドライブ（gene drive）

11.5.1 遺伝子ドライブとは何か

遺伝子ドライブ[11-3]は MCR（<u>m</u>utagenic <u>c</u>hain <u>r</u>eaction）[11-4] ともよばれる．ゲノム編集ツールを挟み込むように標的配列の切断部位の両側に広がる相同配列をつなげたプラスミドを宿主細胞に導入すると，始めに標的配列がツールによって切断され，続いて修復の際に HR でゲノム編集ツールがゲノムに組み込まれる（図 11.2, a-c）．さらに，ゲノムに組み込まれたツールは対立遺伝子の標的配列を切断し，修復の際に HR によってツールのコピーが組み

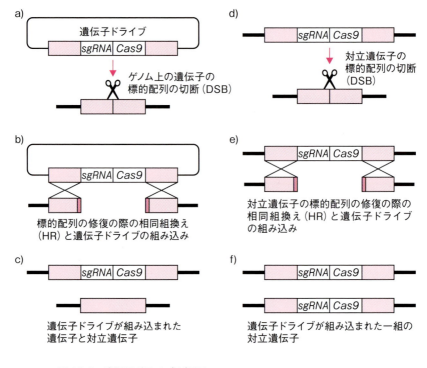

図 11.2 遺伝子ドライブの概要
CRISPR-Cas9 による遺伝子ドライブ．ピンク色の部分はゲノムの遺伝子と相同な DNA 配列を示す．

込まれる（図 11.2, d-f）．これによって対立遺伝子も破壊されるが，ツールと相同配列の間に外来遺伝子を挿入しておけば，外来遺伝子も同時に対立遺伝子内に組み込まれる．これが生殖系に入り，後代に伝達されれば，ヘテロ（ヘミ）であるはずのツールが対立遺伝子にも移りホモとなる．これが繰り返されれば，ある子孫の集団ができる中で一気に拡がり，標的遺伝子が破壊されたか，外来遺伝子が挿入された集団が形成される（図 11.3）．遺伝子ドライブ生物は ZFN-3 と類似しているが，ZFN-3 の場合，ゲノム編集ツールは dsDNA あるいは ssODN とは別の分子として宿主細胞に導入されるので，通常はゲノムに挿入されることはない（図 11.1）．

11.5 遺伝子ドライブ（gene drive）

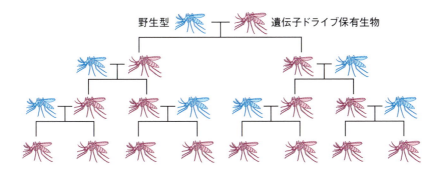

図11.3 遺伝子ドライブツール保有生物の拡がり
青は野生型，赤は遺伝子ドライブ保有生物

11.5.2 遺伝子ドライブの利用と問題点

遺伝子ドライブでは，子孫ができるたびに対立遺伝子を破壊するか，外来遺伝子を導入するので，多方面での応用が考えられる．例えば，カやハエなどの衛生害虫の駆除に用いることを考えて，欧米では実験室内でハマダラカの雌性不稔を引き起こすための試験的な試みなどがなされている[11-5]．また，外来有害生物などの駆除に適用できるかもしれない．

一方，遺伝子ドライブ生物はゲノム編集ツールが組み込まれているので遺伝子組換え生物である．同種の生物が周辺に存在する場所で屋外に拡散すると，子孫は遺伝子ドライブ生物としての集団になるため，そのリスクを十分に考えた実験計画を立てる必要がある．すでに米国では，衛生害虫を念頭に置いた遺伝子ドライブ実験における対応策が議論されている[11-6]．ここでは，分子的対応策（sgRNAとCas9を別々に入れる，など），生態学的対応策（野生種がいない場所での実施），生殖的対応策（実験室系統の使用），より厳重な物理的封じ込めによる対応策のうち，生物種の特性に合わせて最低2つの対応策を実施することが推奨されている．一方，日本では遺伝子ドライブ実験についてはまだほとんど議論が始まっていない．カルタヘナ法における拡散防止措置のレベルは，生物種の病原性，伝播性に基づいて決まるので，遺伝子ドライブ生物であるからといってP1AからP2Aにレベルを上げること

第 11 章　ゲノム編集研究を行う上で注意すること

はありえない．したがって，現状では実験に供する生物種の特性に応じて，例えば，実験室に前室を設けるなどで環境との間のバリアーを増やして，より厳重な物理的封じ込めを実施しておく必要があるだろう．

ともかく，遺伝子ドライブ生物は遺伝子組換え生物であるため，第二種使用している状況で実験室から拡散すること自体がカルタヘナ法に違反することを忘れてはならない．

11.6　おわりに

ゲノム編集技術はまだ歴史が浅く，安全性について検証が十分でない．少なくとも，屋外での使用においてのリスクは明らかでない状況である．確かに ZFN-1 と ZFN-2 においては，外来遺伝子が存在しないゲノム編集生物が得られるので，現行のカルタヘナ法の適用外と解釈できるが，遺伝子を編集することで宿主にどのような形質が現れ，それが環境にどのような影響を及ぼすかについて十分な検討と評価が必要である．今後は，多数の実施例が示されることで，リスクの程度や環境影響が明らかになってくるであろう．そうなれば，ゲノム編集生物に適用される新たな取扱い方法が示される可能性がある．それまでは，遺伝子組換え生物に準じた扱いをしておくことが肝要であろう．

11 章 参考書

真下知士, 城石俊彦 編（2015）『進化するゲノム編集技術』エヌ・ティー・エス.
山本 卓 編（2015）『論文だけではわからない ゲノム編集成功の秘訣 Q&A』羊土社.

11 章 参考サイト

文部科学省『ライフサイエンスにおける安全に関する取組　遺伝子組換え実験』http://www.lifescience.mext.go.jp/bioethics/anzen.html#kumikae.
全国大学等遺伝子研究支援施設連絡協議会『ゲノム編集技術を用いて作成した生物の取り扱いに関する声明・見解・方針』http://www.1a.biglobe.ne.jp/iden-kyo/genome-editing1.html.

11章引用文献

11-1) EFSA Panel on Genetically Modified Organisms (2012) EFSA J., **10**: 2943.

11-2) Ledford, H. (2016) Nature, **532**: 158-159.

11-3) Esvelt, K. M. *et al.* (2014) eLife, **3**: e03401.

11-4) Gantz, V. M., Bier, E. (2015) Science, **348**: 442-444.

11-5) Hammond, A. *et al.* (2016) Nat. Biotech., **14**: 78-83.

11-6) Akbari, O. S. *et al.* (2015) Science, **349**: 927-929.

略 語 表

C〜E
Cas9：CRISPR-associated protein 9
Cascade：CRISPR-associated complex for antiviral defense
*Cas*遺伝子：CRISPR-associated genes
CRISPR：clustered regularly interspaced short palindromic repeats
crRNA：CRISPR RNA
dCas9：dead Cas9（不活性型 Cas9）
DSB：double-strand break（二本鎖切断）
dsDNA（二本鎖 DNA）
EC 細胞：embryonal carcinoma cell（胚性腫瘍細胞）
EGFP：enhanced green fluorescent protein（高感度緑色蛍光タンパク質）
ENU：*N*-ethyl-*N*-nitrosourea（*N*-エチル-*N*-ニトロソウレア）
ES 細胞：embryonic stem cell（胚性幹細胞）
FAD2：fatty acid desaturase 2（脂肪酸デサチュラーゼ 2）

G〜I
GFP：green fluorescent protein（緑色蛍光タンパク質）
GMO：genetically modified organisms（遺伝子組換え生物）
GOF：gain of function（機能亢進）
GWAS：genome wide association study（ゲノムワイド関連解析）
HA：hemagglutinin（ヘマグルチニン）
HDV：hepatitis delta virus（デルタ肝炎ウイルス）
HH：hammerhead
HMA：heteroduplex mobility assay（ヘテロ二本鎖移動度分析）
HR：homologous recombination（相同組換え）
iap：isozyme conversion of alkali phosphatase

L〜O
LB：left border（左境界）
LOF：loss of function（機能欠失）
MAGE：multiplex automated genomic engineering（多重自動ゲノム工学法）
MASO：morpholino antisense oligo（モルフォリノアンチセンスオリゴ）
MCR：mutagenic chain reaction（変異連鎖反応）

略語表

MMEJ：microhomology-mediated end-joining（マイクロホモロジー媒介末端結合）
NHEJ：non-homologous end-joining（非相同末端結合）
NPBT：new plant breeding techniques（植物における新育種技術）
ODM：oligonucleotide directed mutagenesis（オリゴヌクレオチドによる塩基置換）

P～S

PAM：protospacer adjacent motif（プロトスペーサー隣接モチーフ）
PCR：polymerase chain reaction（ポリメラーゼ連鎖反応）
PM：point mutation（点変異）
PPR：pentatricopeptide repeat
RAMPs：repeat-associated mysterious proteins
RB：right border（右境界）
REMI 法：restriction enzyme-mediated integration 法
REP：repetitive extragenic palindromic
RFLP：restriction fragment length polymorphism（制限酵素断片長多型）
Ri：root-inducing（毛状根誘導）
RNAi：RNA interference（RNA 干渉）
RVD：repeat variable di-residue
S1P：sphingosine-1-phosphate（スフィンゴシン -1- リン酸）
SDN：site-directed nuclease（部位特異的ヌクレアーゼ）
sgRNA：single guide RNA（一本鎖ガイド RNA）
SNP：single nucleotide polymorphism（一塩基多型）
SPF：specific pathogen free
Spns2：Spinster2
ssODN：single-stranded oligodeoxynucleotides（一本鎖オリゴ DNA）

T～Z

TALE：transcription activator-like effector（転写活性化因子様エフェクター）
TALEN：transcription activator-like effector nuclease（TALE ヌクレアーゼ）
T-DNA：transfer-DNA（トランスファー DNA）
tet2：*ten-eleven translocation 2*
Ti：tumor-inducing（クラウンゴール誘導）
tracrRNA：trans-activating CRISPR RNA（トランス活性化型 CRISPR RNA）
VIGS：virus induced gene silencing（ウイルス誘導ジーンサイレンシング）
ZFN：zinc finger nuclease（ジンクフィンガーヌクレアーゼ）

索　引

数字

2Aペプチド 89, 170

A〜C

Acidithiobacillus ferrooxidans 34
Agrobacterium rhizogenes 169, 171
Ambystoma mexicanum 122
BAC 154
cas 21
Cas9 129
Cas9ニッカーゼ 16
Cascade 32
*Cas*遺伝子 151
Casタンパク質 31
Cpf 38
Cre-loxP 44
CRISPR 20
CRISPR-associated 21
CRISPR-associated complex for antiviral defense 32
CRISPR-Cas9 7, 46, 47, 50, 63-66, 85, 98, 99, 128, 133, 151, 169, 176, 199, 200, 204
CRISPRi 51
CRISPR RNA 31
crRNA 7, 31, 99
Cynops pyrrhogaster 120

D〜F

dCas9 36, 51
dead Cas9 14
*de novo*変異 193
DNA二本鎖切断 4, 97, 128
DSB 4, 97, 128, 205

EC細胞 143
*EGFP*遺伝子 104
ENU 95, 141
ES細胞 97, 103, 143
F0 130
F1 130
FokI 5, 85
FokI-dCas9 16
FokI Sharkeyバリアント 87

G〜I

gain of function 124
*Gal4*遺伝子 104
GFP 13, 36, 82, 115, 116, 128
*GFP*遺伝子 127
Group IIイントロン 43
GWAS (genome wide association study) 189
Haloferax mediterranei 27
Haloferax volcanii 27
hammerhead 47
hepatitis delta virus 47
HIV 195
HNHドメイン 34
HR 8, 177, 205
indel 45, 205
*in vivo*ゲノム編集 155
iPS細胞 187
I-SceI 83

L〜N

Lambda Red system 42
loss of function 124
MAGE 43
MASO 80, 81
Methanocaldococcus

(*Methanococcus*) *jannaschii* 27
MCR (mutation chain reaction) 70
MMEJ 8, 102, 128
mRNA 116
mutation 188
MutS 42
NBRP 118
N-ethyl-*N*-nitrosourea 95, 141
NHEJ 8, 45, 128, 149, 205
NPBT 160, 169
null segregant 214

O・P

ODM 168
oligonucleotide directed mutagenesis 168
PAM 8, 31, 99
*pax6*遺伝子 129
pentatricopeptide repeat 182
PiggyBac 59
Platinum TALEN 87
Pleurodeles waltl 119
PM 205
polymorphism 189
PPRタンパク質 182
precision medicine 201
pre-crRNA 31
protospacer adjacent motifs 31
P因子 58

R・S

RAMPs (repeat-associated mysterious proteins) 28

索引

RecA 43
REP 配列 25
RNAi 60, 80
RNAi 法 60, 61, 166
RNaseIII 33
RNA 干渉 60, 80
RNA 干渉法 59
RNA ポリメラーゼII 47
RNA 誘導型ヌクレアーゼ 4, 20
RuvC ドメイン 34
sgRNA (single guide RNA) 7, 35, 63-70, 99, 152, 199, 200, 204
slc45a2 遺伝子 132, 133
SNP (single nucleotide polymorphism) 14, 190
SPF 138
ssODN (single-stranded oligodeoxynucleotides) 13, 194
Streptococcus pyogenes 27, 33, 35
Streptococcus thermophilus 29, 30, 35

T〜V

TALEN 4, 5, 36, 47, 63, 64, 85, 98, 99, 128-130, 132, 150, 168, 174, 176, 204
TALE ヌクレアーゼ 4, 150
TALE リピート 6
Tc1/mariner スーパーファミリー 83
T-DNA 161
Thermotoga maritima 27
TILLING 法 166
Ti プラスミド 163
tracrRNA 7, 99
USDA 174
variant 189

VIGS 167

X・Z

Xenopus laevis 113
Xenopus tropicalis 116
ZFN 4, 36, 63, 85, 128, 148, 168, 204
ZFN-1 204, 212-214
ZFN-2 205, 212-214
ZFN-3 205, 213, 214

あ

アーキア 20
アーキアゲノム 26
アカハライモリ 120
アクチビン 121
アグロバクテリウム 212
アグロバクテリウム法 160
浅島 誠 121
アシロマ会議 206
アデノ随伴ウイルスベクター 156
アフリカツメガエル 113, 117, 130, 131
アルビノ 151
アンチセンスオリゴヌクレオチド 124
アンチセンス法 166

い

鋳型 DNA 177
育種産業 109
異質四倍体 116, 131
一塩基多型 14
一本鎖オリゴ DNA 13, 103, 153, 194
遺伝子改変モデル 139
遺伝子銃 164
遺伝子制御ネットワーク 78, 86
遺伝子挿入 128

遺伝子ターゲティング(法) 43, 44, 129, 133, 167
遺伝子治療 136
遺伝子ドライブ 67-69, 215-217
遺伝子ノックアウト 10
遺伝子ノックイン 10
遺伝子ノックダウン 125
遺伝子破壊 128
遺伝性疾患 96
イベリアトゲイモリ 119, 132

う

ウイルスベクター系 211
ウイルス誘導ジーンサイレンシング 167
ウーパールーパー 122
ウニ 73

え

江口吾郎 121
エスケープ 40
エチルニトロソウレア 141
エピゲノム操作 52
エフェクター 31, 38
エレクトロポレーション法 83, 156
塩基配列 1

お

岡崎フラグメント 41
岡田節人 121
オフターゲット 15, 61, 64, 212, 213
オリゴヌクレオチド 168
オリゴヌクレオチド指定突然変異導入 169

か

ガードン 114, 115, 124

索引

カイコガ 56, 63, 64
外挿 137
ガイド RNA 4, 152
カウンターセレクション 45
化学物質 1
化学変異原 95, 166
化学変異物質 140
核移植実験 115
核酸フリー 178
拡散防止措置 208, 209
獲得免疫機能 21
獲得免疫システム 29, 30
過剰肢付加モデル 123
カスケード 78
カマレキシン 176
カルタヘナ法 109, 207, 208, 210
環形動物 73, 74, 89

き

キイロショウジョウバエ 57, 60, 63, 64
器官形成 110
機能欠失 124
機能亢進 124
キノコ 47
キメラ動物 150
逆遺伝学 57, 140
逆遺伝学アプローチ 185
旧口動物 74
棘皮動物 73, 74
近交系 139

く

クローン 115, 145
クローン動物 114

け

形態形成 96
ゲノム 1

ゲノム改変 102
ゲノム修復機構 102, 109
ゲノムプロジェクト 95
ゲノム編集 1
ゲノム編集技術 93
ゲノムワイド関連解析 189
ケミカルスクリーニング 110
原因遺伝子 95, 140
原索動物 73
顕微注入 116, 142
顕微注入法 78, 79, 124

こ

好塩性アーキア 26
高感度緑色蛍光タンパク質 94
コウジカビ 47
酵母 50
コオロギ 60, 63, 64
国際ゲノム編集サミット 198
コクヌストモドキ 60, 63
個別化医療 201
昆虫 56
コンディショナルノックアウト 65

さ・し

細胞毒性 46
紫外線 1
色素欠損表現型 130
自己切断配列 89
四肢再生 123
脂質メディエーター 95
糸状菌 47
次世代シークエンサー 190
次世代シークエンシング 27
自然発症モデル 139
疾患モデル生物 103

疾患モデル動物 139
実験的発症モデル 139
刺胞動物 73, 89, 90
シュペーマン 118
順遺伝学 140
順遺伝学アプローチ 185
ショウジョウバエ 57
植物育種技術 160
植物作製実験 212
植物接種実験 212
植物培養細胞 210
除草剤耐性 168
初代培養細胞 185, 186
人為的突然変異誘発法 141
人為的変異誘発モデル 139
ジンクフィンガーヌクレアーゼ 4, 148
人工 DNA 切断酵素 1-6
人工多能性幹細胞 188
新口動物 73
真正細菌 20

す

水晶体再生 121
スーパーマウス 141
ステムループ構造 24
ステロイドグリコアルカロイド 174
スフィンゴシン-1-リン酸 95
スペーサー配列 151

せ

制限酵素 31
生殖系列移行 104
生物学的封じ込め 207
生物多様性条約 207
精密医療 201
脊椎動物 73
世代時間 94
節足動物 73, 74

224

ゼブラフィッシュ 93
セルフクローニング 208, 213
全エキソーム解析 191
前核 141
先制医療 202

そ

相同遺伝子 95
相同組換え 8, 61, 62, 101, 143, 173, 177
相同配列 107
挿入・欠失（変異） 45, 103
挿入変異 57
ソラニン 175

た

ターゲティングベクター 168
第一種使用等 207
第二種使用等 207
タイピング 36
多型 85, 189
多重変異体 174
脱アミノ化 52
多倍体 160
ダブルニッキング法 16

ち

長鎖 DNA 53
チロシナーゼ遺伝子 129, 130, 132

て

デアミナーゼ 52
点突然変異 103, 141

と

当世代 130
導入遺伝子 141
動物作製実験 211

動物培養細胞 210
突然変異 2, 140
ドナー 146
ドナーベクター 108
トランスジーン 141
トランスジェニック 64, 126, 141
トランスジェニックガエル 127, 128
トランスジェニック系統 94
トランスポザーゼ 57-59
トランスポゾン 57-59
トランスポゾン Minos 83, 84
トリパノソーマ 50

な

内部細胞塊 143
ナショナルバイオリソースプロジェクト 118
ナチュラルオカレンス 208, 213
軟体動物 73, 74

に

二種省令 207, 208
二倍体 117

ぬ

ヌクレアーゼ 29
ヌルセグリガント 172

ね

ネオテニー 122
ネッタイツメガエル 116, 117, 131, 133

の

ノックアウト 61, 66, 84, 128-130, 132, 133, 136

ノックイン 66, 89, 103, 106, 128, 136
ノックイン法 93
ノックダウン 61, 66, 125, 166
ノックダウン解析 97

は

パーティクルガン法 78, 79, 160, 164
バイオセーフティに関するカルタヘナ議定書 207
バイオハザード 206
バイナリーベクター 161
バクテリア人工染色体 154
発生工学 109
ハマダラカ 70
パリンドロミック配列 24

ひ

非ウイルスベクター系 211
微生物使用実験 211
非相同末端結合 8, 45, 101, 128, 149, 173
ヒト iPS 細胞 186, 188
ヒト化動物 154
ヒトゲノム計画 154
ヒト受精卵 157
ヒト免疫不全ウイルス 195
非翻訳領域 106
表現型解析 108
標的ゲノム部位 103

ふ

ファージ 29, 36
部位特異的ヌクレアーゼ 204
フォークト 118
複製フォーク 41
不死化細胞 186
物理的な封じ込め 207, 209

索 引

プラスミド 29
フレームシフト 149
プロトプラスト 165, 177, 212
プロトプラスト /PEG 法 165
プロモーター（領域）37, 94
分化多能性 143
分化転換 121

へ

ヘテロ性 160
ヘリカーゼ 29, 31
ヘルパープラスミド 163
変異 188
変異連鎖反応 70

ほ

放射線 1
ホーミングエンドヌクレアーゼ 31, 83, 168
ポジティブ選別 13
ポジティブ-ネガティブ選抜 168
ホメオログ 130, 131
ホモロジーアーム 145
ホヤ 73
ポリメラーゼ 29

ま

マーカーフリー 51
マイクロインジェクション（法）78, 124, 142
マイクロホモロジー媒介末端結合 8, 101, 102, 128
マイクロホモロジー配列 106
マラリア原虫 50
マンゴールド 118

み

ミスマッチ修復機構 41
ミュータジェネシス 141
ミュータント 140

め

メキシコサンショウウオ 122
メダカ 93
免疫不全動物 154
免疫不全モデル 155

も

毛状根 171
毛状根誘導系 169
モザイク性 17
モデル脊椎動物 93
モデル動物 139

戻し交配 166
モルフォリノアンチセンスオリゴ 80
モルフォリノオリゴ 97

や・よ

薬剤耐性配列 144
幼形成熟 122

ら

ラージデリーション 176
ラギング鎖 41
ランダムな変異 166

り

リーシュマニア 50
リーディング鎖 41
リコンビニアリング 41
リピート配列 151
リプログラミング現象 114
リボザイム 43
緑色蛍光タンパク質 115, 116

る・れ

ルシフェラーゼ 82
レシピエント 146
レトロ転位 43
レポーター遺伝子 82, 94, 106

編者略歴

山本　卓
(やまもと　たかし)

1989 年　広島大学理学部 卒業
1992 年　同大学大学院理学研究科 博士課程中退．博士（理学）．
1992 年　熊本大学理学部 助手
2002 年　広島大学大学院理学研究科 講師
2003 年　広島大学大学院理学研究科 助教授
2004 年より　広島大学大学院理学研究科 教授
2016 年より　日本ゲノム編集学会 会長
2017 年より　広島大学 次世代自動車技術共同研究講座 併任教授

主な著書
『ゲノム編集の基本原理と応用』（単著，裳華房），『ゲノム編集成功の秘訣Q&A』（編集, 羊土社），『今すぐ始めるゲノム編集』（編, 羊土社）ほか．

ゲノム編集入門 ― ZFN・TALEN・CRISPR-Cas9 ―

2016 年 12 月 10 日　第 1 版 1 刷発行
2017 年 8 月 25 日　第 2 版 1 刷発行
2019 年 1 月 10 日　第 2 版 2 刷発行

検印省略

定価はカバーに表示してあります．

編　者　山　本　卓
発行者　吉　野　和　浩
発行所　東京都千代田区四番町 8-1
　　　　電話　03-3262-9166 (代)
　　　　郵便番号 102-0081
　　　　株式会社　裳　華　房
印刷所　株式会社　真　興　社
製本所　株式会社　松　岳　社

社団法人
自然科学書協会会員

JCOPY 〈(社)出版者著作権管理機構 委託出版物〉
本書の無断複写は著作権法上での例外を除き禁じられています．複写される場合は，そのつど事前に，(社)出版者著作権管理機構（電話03-5244-5088, FAX 03-5244-5089, e-mail: info@jcopy.or.jp）の許諾を得てください．

ISBN 978-4-7853-5866-2

© 山本 卓，2016　Printed in Japan

ゲノム編集の基本原理と応用
－ZFN，TALEN，CRISPR-Cas9－

山本 卓 著　A5判／176頁／4色刷／定価（本体2600円＋税）

2012年のCRISPR-Cas9の開発によって，ゲノム編集はすべての研究者の技術となり，基礎から応用の幅広い分野における研究が競って進められている．

本書は，ライフサイエンスの研究に興味をもつ学生をおもな対象に，ゲノム編集はどのような技術であるのか，その基本原理や遺伝子の改変方法について，できるだけ予備知識がなくとも理解できるように解説した．さらに，農林学・水産学・畜産学や医学など，さまざまな応用分野におけるこの技術の実例や可能性についても記載した．

『ゲノム編集入門』より全体的に難度を低くし，より多くの読者に興味をもってもらえるように配慮した．

【主要目次】
1. ゲノム解析の基礎知識　2. ゲノム編集の基本原理：ゲノム編集ツール　3. DNA二本鎖切断（DSB）の修復経路を利用した遺伝子の改変　4. 哺乳類培養細胞でのゲノム編集　5. 様々な生物でのゲノム編集　6. ゲノム編集の発展技術　7. ゲノム編集の農水畜産分野での利用　8. ゲノム編集の医学分野での利用　9. ゲノム編集のオフターゲット作用とモザイク現象　10. ゲノム編集生物の取扱いとヒト生殖細胞・受精卵・胚でのゲノム編集

新・生命科学シリーズ　既刊13巻，各2色刷

エピジェネティクス

大山　隆・東中川　徹 共著　A5判／248頁／定価（本体2700円＋税）

エピジェネティクスとは，「DNAの塩基配列の変化に依らず，染色体の変化から生じる安定的に継承される形質や，そのような形質の発現制御機構を研究する学問分野」のことである．本書の前半ではその概念やエピジェネティックな現象の背景にある基本的なメカニズムを解説し，後半ではエピジェネティクスに関係する具体的な生命現象や疾病との関係などをわかりやすく紹介した．

遺伝子操作の基本原理

赤坂甲治・大山義彦 共著　A5判／244頁／定価（本体2600円＋税）

遺伝子操作の黎明期から現在に至るまで，自ら技術を開拓し，研究を発展させてきた著者たちの実体験をもとに，遺伝子操作技術の基本原理をその初歩から丁寧に解説した．

【主要目次】
第Ⅰ部 cDNAクローニングの原理　1. mRNAの分離と精製　2. cDNAの合成　3. cDNAライブラリーの作製　4. バクテリオファージのクローン化　第Ⅱ部 基本的な実験操作の原理　5. プラスミドベクターへのサブクローニング　6. 電気泳動　7. PCR　8. ハイブリダイゼーション　9. 制限酵素と宿主大腸菌　第Ⅲ部 応用的な実験操作の原理　10. PCRの応用　11. cDNAを用いたタンパク質合成　12. ゲノムの解析　13. 遺伝子発現の解析

裳華房ホームページ　https://www.shokabo.co.jp/